农业物联网技术导论

主　编　曾洪学

副主编　高永胜　求华峰

黄河水利出版社

·郑州·

内 容 提 要

本书根据目前物联网技术在农业生产中的应用现状及现代农业企业对农业物联网技术应用型、技能型人才的需求特点，以"理论的适度性、应用的系统性、实践的指导性、内容的先进性"为编写原则，深入浅出地介绍了物联网 RFID 识别技术、物联网传感技术、物联网通信技术、物联网智能视频技术等基本理论，并对物联网技术在大田作物生产、设施栽培生产、畜牧、水产等领域的具体应用进行了详细的阐述，并配有众多系统架构图、结构示意图、农业物联网实际操控界面截图等图片。

本书可供高职院校农业物联网技术、设施农业与装备等相关专业教学使用，也可作为相关专业技术人员学习的指导用书。

图书在版编目(CIP)数据

农业物联网技术导论/曾洪学主编.—郑州：黄河水利出版社,2016.12 （2024.7 重印）
ISBN 978-7-5509-1616-6

Ⅰ.①农… Ⅱ.①曾… Ⅲ.①互联网络-应用-农业-高等学校-教材 Ⅳ.①S126

中国版本图书馆 CIP 数据核字（2016）第 308081 号

组稿编辑:王路平 电话:0371-66022212 E-mail:hhslwlp@163.com

出 版 社:黄河水利出版社 网址:www.yrcp.com
地址:河南省郑州市顺河路黄委会综合楼14层 邮政编码:450003
发行单位:黄河水利出版社
发行部电话:0371-66026940、66020550、66028024、66022620(传真)
E-mail:hhslcbs@126.com
承印单位:河南承创印务有限公司
开本:890 mm×1 240 mm 1/32
印张:4.5
字数:130 千字
版次:2016 年 12 月第 1 版 印次:2024 年 7 月第 5 次印刷

定价:26.00 元

前　言

　　"食为人天,农为正本",农业自古即为我国的立国之本,关系着国家的安定、经济的繁荣。新中国成立后,党和人民政府高度重视农业科技的发展,在1954年召开的第一届全国人民代表大会上首次提出了"四个现代化"的发展目标,其中之一即为"农业现代化"。经过60多年的发展,我国农业已逐步从传统、低效率的农业耕作模式中脱离出来,取而代之的是集约化、机械化、智能化的高效率现代农业耕作方式。各种新型技术相继应用于农业生产领域,如信息技术,农业产业也成为未来最具发展潜力的传统行业之一。

　　物联网技术作为信息技术的前沿技术,自2009年8月温家宝总理提出"感知中国"以来,物联网被正式列为国家五大新兴战略性产业之一。物联网技术在中国得以迅速发展,并已对物流、交通、城市管理、工业、农业等行业产生了深远影响。2015年及2016年,国务院总理李克强在政府工作报告中相继提出"互联网+"行动计划及"加快发展现代农业",推进农业信息化的意见。农业物联网已成为实现信息化农业、提高农业生产力的不二选择。

　　浙江省作为我国经济、科技最为发达的省份之一,农业信息化方面也走在前列,涌现出一大批农业物联网知名企业和现代农业龙头企业,如浙江睿思特智能科技有限公司、浙江传化生物技术有限公司等。物联网技术已被广泛应用于农业生产的各领域,现代农业企业对农业物联网人才的需求也呈现出前所未有的势头。

　　基于此,我们编写了这本教材,希望能对高职高专现代农业类专业的师生、农业物联网相关从业人员提供参考。本书内容相对浅显,主要供农业物联网技术专业、设施农业技术专业的高职高专师生作为教学的辅助教材。

　　本书由浙江同济科技职业学院曾洪学担任主编,浙江同济科技职业学院科技处高永胜、浙江中睿泽农科技有限公司求华峰担任副主编，浙江同济科技职业学院水利系屈兴红及童正仙参与了本书的编写工作;浙江睿思特智能科技有限公司罗程铭、胡孙青在本书的编写过程中提出了诸多有益的意见，在此一并致谢! 同时，感谢本书引述文献、资料的原作者。

鉴于编者水平有限，书中难免存在不足之处，恳请广大专家、读者批评指正。

编　者

2016 年 8 月

目　录

前　言

第一章　物联网概述 ………………………………………（1）

　　第一节　物联网的概念及其内涵 …………………………（1）

　　第二节　物联网技术的发展历史与现状 …………………（3）

　　第三节　农业物联网及其发展前景 ………………………（8）

第二章　物联网 RFID 识别技术 …………………………（13）

　　第一节　RFID 技术概述 …………………………………（13）

　　第二节　RFID 技术在农业生产中的应用及应用的趋势 …（20）

第三章　物联网传感技术 …………………………………（25）

　　第一节　传感器技术 ………………………………………（25）

　　第二节　传感网概述 ………………………………………（30）

　　第三节　无线传感网 ………………………………………（43）

第四章　物联网通信技术 …………………………………（51）

　　第一节　光通信技术 ………………………………………（51）

　　第二节　ZigBee 技术 ……………………………………（56）

　　第三节　WLAN 技术 ……………………………………（60）

　　第四节　蓝牙技术 …………………………………………（67）

　　第五节　3G 技术 …………………………………………（73）

　　第六节　4G 通信技术 ……………………………………（80）

第五章　支持物联网的其他技术 …………………………（88）

　　第一节　物联网智能视频技术 ……………………………（88）

　　第二节　支持物联网的条形码技术 ………………………（91）

　　第三节　定位技术 …………………………………………（96）

第六章　种植业物联网系统应用 …………………………（104）

　　第一节　大田农业物联网系统应用 ………………………（104）

第二节　设施农业物联网系统应用 ……………………（112）

第三节　物联网在种植业其他方面的应用 …………（118）

第七章　物联网系统在牧、渔业生产中的应用 …………（122）

第一节　物联网技术在现代畜牧业中的应用 …………（122）

第二节　物联网技术在渔业生产中的应用 …………（129）

参考文献 ………………………………………………（134）

第一章　物联网概述

第一节　物联网的概念及其内涵

一、物联网技术产生的背景

1991 年第一次美伊战争期间,美国军方发现,战争结束后在一些港口、机场堆积的大量军需物资集装箱,其归属及去向难以查证。如需弄清楚这些信息,则要花费大量的人力和财力,因此美国五角大楼启动了一个"军需物资可视化管理"项目,将 RFID(Radio Frequency Identification,无线射频识别)技术应用于其中,使得军需物资的管理更为便捷、透明。此后,UPS(美国联合包裹速递服务公司)、FeDex(美国联邦快递公司)等大型速递公司也仿效这种技术管理模式打造了一个可以跟踪查询快件位置的服务体系。由此形成了物联网技术应用的雏形。

1995 年,比尔·盖茨在《未来之路》一书中提及"Internet of Things"的概念,限于当时无线网络、硬件及传感设备的发展,并未引起世人关注。1998 年,马来西亚发放了世界上第一张基于 RFID 技术的个人电子护照,大幅提升了护照的防伪能力及海关进出境个人信息查验的工作效率。1999 年,美国麻省理工学院(MIT)Auto-ID 实验室将 RFID 技术与互联网结合,提出 EPC(Electronic Product Code,产品电子码)的概念,称物联网主要是建立在物品编码、RFID 技术和互联网基础上的网络系统。2005 年,ITU(International Telecommunication Union,国际电信联盟)发布了《ITU 互联网报告 2005:物联网》,正式提出"物联网"的概念。

二、物联网的概念

2005 年 11 月 17 日,在突尼斯举行的信息社会世界峰会上,国际电信联盟(ITU)正式将物联网称为"Internet of Things",将物联网正式定义为:将各种信息传感设备与互联网结合起来而形成的一个巨大网络。报告还对物联网概念进行了扩展,提出了任何时刻、任何地点、任何物体之间互联,无所不在的网络和无所不在的计算机发展前景;报告指出,无所不在的物联网通信时代即将来临。根据 ITU 的描述,在物联网时代,通过在各种各样的日常用品上嵌入一种短距离的移动收发器,人类在信息与通信世界里,将获得一个新的沟通维度:从任何时间、任何地点的人与人之间的沟通扩展到人与物、物与物之间的沟通连接。

欧盟对物联网的定义是:物联网是一个动态的全球网络基础设施,它具有基于标准和互操作通信协议的自组织能力,其中,物理的和虚拟的"物"具有身份标识、物理属性、虚拟的特性和智能接口,并与信息网络无缝整合。

三、物联网的内涵

ITU 及欧盟给出的物联网定义是一个较为宽泛的、描述性的概念,因而使得"仁者见仁,智者见智",形成对物联网的多方位的解读。概言之,有以下几个方面的理解:

(1)从技术层面理解,物联网是互联网的组成部分。

先有互联网,之后在此基础上发展形成物联网,物联网包含于互联网之中,物联网是互联网技术应用的扩展和延伸。

(2)从应用层面理解,物联网是实现物物相连的网络。

物联网把所有可以联系的物体通过互联网连接到网络中,实现物物相连,人类社会与物理系统整合,达到以更精细和动态的方式管理生产和生活的目的。

(3)从宏观层面理解,物联网是未来的互联网。

未来的物联网将使人置身于无所不在的网络之中,在不知不觉中,人可以随时随地与周围的人或物进行信息的交换,这时,物联网也就等同于泛在网络,或者说未来的互联网。物联网、泛在网络、未来的互联网,它们的名字虽然不同,但表达的都是同一个愿景,那就是人类可以随时、随地使用任何网络,联系任何人或物,以达到自由交换信息的目的。

第二节　物联网技术的发展历史与现状

一、物联网技术的发展历史

物联网技术的核心之一是传感技术,如果依"河源唯远"的标准来追溯,则物联网技术发展历史的最初源头与信息传感、射频技术的发明、发展密切相关。

1945 年,苏联物理学家莱昂·泰勒明为克格勃发明了用于转发音频信息的微波窃听设备,通常被认为是射频识别技术的前身。

1948 年 10 月,美国科学家哈里·斯托克曼发表了具有里程碑意义的论文《利用反射功率的通讯》,正式提出 RFID 一词,标志着 RFID 技术的面世。

1973 年,马里奥·卡杜勒所申请的专利是现今 RFID 真正意义上的原型,它可被制成收取通行费的设备,从此,物联网技术进入快速发展时期。

1973 年,在美国洛斯·阿拉莫斯(LOS ALAMOS)实验室里诞生了第一个 RFID 标签的样本。

1980 年代,日本东京大学的坂村健博士倡导的全新计算机体系 TRON,计划构筑"计算无所不在"的环境,能让识别器自动识别一切物品。

1991 年,马克·维瑟在《科学美国人》发表文章《21 世纪的计算机》,预言了泛在计算(无所不在的计算)的未来应用。

1995 年,比尔·盖茨在其《未来之路》一书中已提及物联网概念。

1998 年,马来西亚发布了全球第一张 RFID 护照。

1999 年,美国召开的移动计算和网络国际会议提出:"传感网是下一个世纪人类面临的又一个发展机遇",传感网迅速成为全球研究热点。同年,中国科学院启动了研究。

1999年10月,麻省理工学院的Auto-ID中心将RFID技术与互联网结合,提出了EPC。核心思想是为每一个产品提供唯一的电子标签,通过射频识别完成数据采集。

2002年,美国橡树岭实验室断言,IT时代正在从"计算机网络"迅速向"传感器网络"转变。从此,人类看到了物联网——物物相连的互联网的曙光。

2003年11月1日,全球产品电子代码中心(EPC Global)在美国成立,管理和实施EPC,目标是搭建一个可以自动识别任何地方、任何事物的物联网。

2005年1月,沃尔玛宣布它的最大的100家供货商所提供的所有商品,一律使用RFID标贴。同时,微软、IBM、Tesco等也发布将使用高频无线射频识别系统的消息。

2005年11月,国际电信联盟(ITU)发布了完整的《ITU互联网报告2005:物联网》,指出所有的物体从轮胎到牙刷、从房屋到纸巾都可通过网络主动进行交换。

2009年1月,IBM首席执行官彭明盛提出"智慧地球"构想,其中物联网为"智慧地球"不可或缺的一部分,而奥巴马在就职演讲后已对该构想提出积极回应,并将其提升到国家级发展战略。

2009年8月7日,温家宝考察中国科学院无锡高新微纳传感网工程技术研发中心后,指示"尽快建立中国的传感信息中心,或者叫'感知中国'中心"。

2010年3月5日,在十一届全国人大三次会议上做政府工作报告时,温家宝指出,要大力培育战略新兴产业,加快物联网的研发应用。

二、物联网技术的发展现状

(一)国外物联网发展现状

从世界范围看,欧盟、美国、日本、韩国等都十分重视物联网技术的发展,并且已经做了大量的研究开发和应用工作。如美国已经把它当成重振经济的法宝,所以非常重视物联网和互联网的发展,它的核心是利用信息通信技术(ICT)来改变美国未来产业发展模式和结构,改变政府、企业和人们的沟通方式以提高办公和工作的效率、灵活性和响应速度。把ICT技术充分应用到各行各业,把感应器嵌入到全球每个角落,例如电网、交通等物体上,并利用网络和设备收集的大量数据通过云计算、数据仓库和人工智能技术做出分析,给出解决方案,把人类的智慧赋予万物,赋予地球。美国提出"智慧地球、物联网和云计算"就是想要作为新一轮IT技术革命的领头羊。美国政府在经济刺激计划中提出投资数百亿美元支持物联网发展,支持IBM的"智慧地球"。

在欧盟方面,欧盟专家称,欧盟发展物联网先于美国,事实上欧盟围绕物联网技术和应用做了不少创新性的工作。2009年布置的《欧盟物联网行动计划》(Internet of things ——An action plan for Europe),其目的也是企图在物联网的发展领域引领世界。在欧盟较为活跃的是各大运营商和设备制造商,他们推动了M2M(机器与机器)技术和服务的发展,同年又推出了《欧盟物联网战略研究线路图》。亚洲日韩两国,均启动泛在网国家战略,物联网被纳入国家整体发展重点规划,把物联网应用、基础设施和技术产业发展列入其优先行动议程。

(二)国内物联网发展现状

在我国,物联网最早被称为传感网。我国的传感网发展起步相对较早,中国科学院在1999年就启动了传感网研究,先后投入资金数亿元,在无线传感网络、智能微型传感器、现代通信技术等方面取得了重要发展。2004年,国家金卡工程办公室把RFID产业发展与行业应用列入国家金卡工程的重点工作,启动RFID试点,并强调RFID应用的一个终极结果,是要形成一个物与物、人与物之间互通互联的物联网。

2009年我国物联网市场规模达到85亿元并成为全球第3大市场。在物联网网络通信服务业领域,我国物联网M2M网络服务保持高速增长势头,目前M2M终端数已超过1 000万,年均增长率超过80%,应用领域覆盖公共安全、城市管理、能源环保、交通运输、公共事业、农业服务、医疗卫生、教育文化、旅游等多个领域。北京、上海、福州、深圳、广州、重庆、昆山、成都、杭州等城市也迅速加入物联网发展的队伍中,中国物联网产业城市首发阵容日渐清晰,预计"十三五"期末我国物联网相关产业规模将突破万亿元级规模。

三、物联网技术的应用

目前,基于 RFID 技术,物联网已被广泛应用于智能城市管理、智能医疗、智能交通、智能物流、智慧校园、智能家居、智能电网、智能工业(工业 4.0)、智慧农业等诸多领域。

(一)智能城市管理

智能化城市管理与运行体系是利用物联网、移动网络等技术感知和利用各种信息、整合各种专业数据,建立一个集行政管理、城市规划、应急指挥、决策支持与社会服务等信息为一体的城市综合运行管理体系。智能化城市管理与运行体系在业务上涉及公安、国土、环保、城建、交通、水务、卫生、规划、城管、林业园林、质监、食品药品、安监、水电气、电信、消防、气象等部门的相关业务。

(二)智能医疗

智能医疗是利用最先进的物联网技术,依托医疗感知终端设备、医疗协作平台,实现患者与医务人员、医疗机构、医疗设备之间的互动,以达到信息化、智能化。

目前,我国智能医疗还处于起步阶段,主要的应用包括数字化医疗服务、医药产品及医疗器械的管理、血液管理、医疗废物管理、远程医疗等。

(三)智能交通

智能交通系统(ITS)是通过各种信息通信技术将人、车、路、环境四者紧密协调、和谐统一起来,建立全方位、实时、准确、高效的综合交通运输管理系统。

(四)智能物流

将物联网技术应用在物流配送系统中,既可以实现高质量的配送管理,又可以对配送中心的货物进行随时动态追踪管理,并能根据所获知的数据进行市场分析和市场预测等方面的信息支持。利用 RFID、GPS、智能车辆调度等技术,对货物运输的物流和信息流进行实时识别、定位跟踪、智能处理,消除货物在运输过程中可能产生的错箱、漏箱事故,加快流通速度,提高运输安全性和可靠性。

(五) 智慧校园

智慧校园是通过利用云计算、虚拟化和物联网等新技术来改变学生、教职员工和校园资源相互交互的方式,将学校的教学、科研、管理与校园资源和应用系统进行整合,以提高应用交互的明确性、灵活性和响应速度,从而实现智慧化服务和管理的校园模式。智慧校园的建设有多种应用案例,主要包括校园安全管理系统、智能出入管理系统、智能校舍、教育信息化系统和"一卡通"等。

(六) 智能家居

智能家居是利用先进的计算机技术、网络通信技术、综合布线技术,将与家居生活有关的各种子系统有机地结合起来进行统筹管理,使人们的家居生活更加舒适安全。

(七) 智能电网

智能电网是通过先进的传感和测量技术、先进的装备、先进的控制方法以及决策支撑系统,实现电网安全可靠、经济高效、环境友好的运行目标。智能电网利用智能传感器、智能电子设备及智能控制系统,实现对电网的检测、数据分析、故障定位诊断、智能调度的功能。

(八) 智能工业

物联网在工业领域的应用主要体现在供应链管理、生产过程自动化、产品和设备监控与管理、环境监测和能源管理、安全生产管理等。与很多其他领域一样,工业生产的信息化和自动化虽然取得了巨大的进步,但各个子系统还是相对独立的,协同程度不高。先进制造技术与先进物联网技术的结合、各种先进技术的应用,将使工业生产变得更加智能,真正实现智能工业。

(九) 智慧农业

智慧农业是指运用遥感遥测、GPS、GIS、传感网、计算机网络、自动控制及专家辅助决策系统等技术,实现土壤、光照、温湿度、通风、病虫害等的检测,并且实现土壤改良、自动灌溉、自动施肥给药、自动耕作、自动采收、自动加工及储藏。未来农业的发展方向将是精细化、远程化、虚拟化、智能化。

目前,我国在部分物联网关键技术的研发水平上位于世界前列,与美国、日本等一起为国际标准制定的主要国家,然而,在产业领域却不容乐观。从事物联网终端生产的企业众多且涉及不同行业,行业需求多样化导致物联网终端模块接口和传输标准难以形成统一标准。标准的缺失和核心技术产品的产业化配套能力不足,成为产业发展的制约因素。因此,坚持自主创新与开放兼容并重的标准战略,推进物联网国家标准的制定是当务之急。

第三节 农业物联网及其发展前景

一、农业物联网系统的技术架构

农业物联网系统的架构主要由三个层面构成,即农业生产信息感知层、农业生产信息传输层、农业系统应用层。农业生产信息感知层为农业物联网的先端层,包括 RFID 系统、各类传感装置等设备,可实现农业生产信息的实时、动态、快速采集,采集信息包括农业生产环境信息(土壤温湿度、土壤 pH、大气温湿度、二氧化碳浓度、光照强度等)和植物生长状况信息(果蔬糖度、气孔导度、叶片蒸腾速率等)等;农业生产信息传输层是农业物联网系统的中间层,起到上传下达的联络作用,通过各类信息传输技术实现感知采集信息的传输和应用层执行命令的传输;第三个层面是农业系统应用层,该系统由信息(数据)处理智能模块、继电器、电磁阀、电机及各类环境调控设施、生产机械(设备)、灌溉设施等组成,可实现精准生产调控、远程智能化生产管理的目的。农业物联网系统的技术架构如图 1-1 所示。

二、农业物联网的特点

农业物联网所处的物理环境及网络自身状况与工业物联网有本质区别。农业物联网的主要特点有以下几点:

(1)大规模农田物联网采集设备布置稀疏。

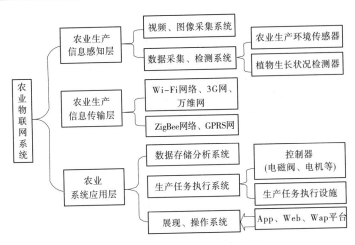

图 1-1　农业物联网系统的技术架构

农业物联网设备成本相对较低、节点稀疏,覆盖布置面积大,节点与节点间的距离较远。对于农业实际生产而言,目前普通农作物收益并不高,农田面积大、投入成本有限,大规模农田在此物联网信息投入方面决定了大面积农田很难密集布置传感节点。另外,大面积地在农田里铺设传感节点不仅给农业作业带来许多干扰,特别对农业机械化作业形成较大的阻碍,也会给传感节点的维护带来诸多不便,导致传感网络维护成本过高等。在大规模农田里,农业大田环境可以根据实际情况划分成若干个小规模的小区,每个小区里可以近似地认为环境相同及土质、土壤养分含量基本相同。因此,在每一个小区里铺设一个传感器节点基本可以满足实际应用需要。

(2)农业传感节点要求传输距离远,功耗低。

在较大规模的耕作区,农业物联网信息采集节点与节点之间的距离往往会比较大,各节点难以甚至疏于维护,且无市电供电,因此为满足各节点的能耗需求,目前主要采用太阳能电板供电,以实现其低功耗通信和远距离传输的功能。

(3)农业物联网设备所处的环境多样、恶劣,要求其性能稳定可靠。

农业物联网设备基本布置在野外,在高温、高湿、低温、雨水等环境下连续不间断运行,因此要求对环境的耐受能力较强。同时,目前农业从业人员文化素质不高,缺乏设备维护能力,因此农业物联网设备必须稳定可靠,且具有自主维护、自我诊断的功能。

(4)农业物联网设备位置不会经常大范围变动。

农业物联网信息采集设备一旦安装好,不会经常大范围调整位置。有特殊需要时也只需进行某些节点的小范围移动。移动的节点结构在网络分布图内不会经常有太大的变化。

综上所述,农业物联网技术应用特点及环境与工业物联网有明显区别。工业组网规则不一定能满足农业物联网信息传输需求。

三、农业物联网的应用

当今世界已进入全面信息社会,欧美等发达国家近10年来相继投入大量人力、物力开展农业领域的物联网应用示范研究,实现了物联网在农业生产管控、资源的调配利用、农产品流通、物—人—物之间的信息交互与精细农业的实践与推广,形成了一批良好的产业化应用模式,推动了相关新兴产业的发展。同时也促进了农业物联网与其他物联网的互联,为建立无处不在的物联网奠定了基础。

"十一五"以来,中国政府已将农业信息化作为重大国策。农业传感器技术、精细作业技术与智能装备、农业智能机器人技术、农业物联网技术与装备和农业信息服务技术等农业信息化前沿技术的研发与应用对于发展现代农业、优化农业产业结构、提升农业整体素质、创新农业经营模式,都具有重大而积极的意义。但大部分农业信息化产品还停留在试验阶段,产品在稳定性、可靠性、低功耗等性能参数上还与国外产品存在一定的差距。

物联网在农业生产中主要应用于以下几方面。

(一)农业生产环境信息监测与智能调控

通过在大田、农业大棚、养殖池及养殖场内布置温度、湿度、pH、CO_2浓度等无线传感器及其他智能控制设施,利用无线传感技术实时监测温度、湿度等农业生产环境数据,为管控系统对大田、大棚、养殖场所的精确调控提供数据支撑。同时,通过移动通信网络或互联网将数据传输至监控中心,形成数据图,使得农业管理人员、技术人员可随时通过手机或电脑获悉生产环境的各项参数,并根据参数变化,适时调控灌溉系统、保温系统等基础设施,从而营造动植物生长的最佳条件,达到远程、实时监控,智能化管理的目的。

(二)农产品安全追溯

农产品在端上用户餐桌前,经过采收、装箱、运输、消费等多个环节。为了加强用户对农产品的信赖度、提高农产品的档次和品牌形象,农场将构建农产品生产追溯系统平台,用户可以使用产品标识(二维条形码等)提供的产品编号,查询农产品的生产信息、生产过程、生产环境等。以果蔬安全生产为例,在果蔬安全生产过程中,每一个环节的生产信息均将输入追溯系统。果蔬采收后进入市场前,每一个果蔬产品上均将贴上标识码,消费者在选购果蔬产品时可根据标识码查询果蔬生产每一环节的生产信息,达到实现安全生产过程追溯、产品质量得以保证的目的。

(三)动植物疫病的远程诊断

通过物联网的视频监测系统、图像采集系统及语音传输系统,可在田头地间实现远程疫病诊断,为种养户与业界专家提供相互交流的平台与渠道,为在缺乏农村农业专家现状的情况下提供可行的解决之道。

四、农业物联网的发展前景

总体而言,目前农业物联网还停留在研发的起步阶段,欧洲智能系统集成技术平台 2009 年提交的物联网研究发展报告中,将物联网的种类划分为 18 大类,其中,"农业和养殖业物联网"是最重要的发展方向之一;报告中指出,农业物联网分为三个层次:信息感知层、信息传输层和信息应用层;而这三个层次在农业中还没有得到广泛的应用,如土壤肥力、作物长势、水分、动物健康、饮食、行为等信息,农业物联网对这些过程进行全面的、系统的监测与控制是未来发展的一个趋势。

未来的农业物联网将是一个大系统,大到一头牛,小到一粒米都将拥有自己的身份,人们可以随时随地通过网络了解它们的地理位置、生长状况等一切信息,实现所有农牧产品的互联。东北农业大学的张长利在"物联网在农业中的应用"中指出,要实现农业物联网就必须解决如下问题:一是农业传感设备必须向低成本、自适应、高可靠、微功耗的方向发展;二是农业传感网必须具备分布式、多协议兼容、自组织和高通量等功能特征;三是信息处理必须达到实时、准确、自动和智能化等要求。集成传感器技术、无线通信技术、嵌入式计算技术和分布式智能信息处理技术于一体,具有易于布置、方便控制、低功耗、灵活通信、低成本等特点的物联网技术已成为实践农业物联网的迫切应用需求。

最近几年,网络信息科技对发达国家的经济增长贡献率非常高,而物联网的出现更是带动了一个全新的变革,创造了更大的市场需求,拉动了国家的经济增长。而我国农业正处于传统农业向现代数字农业的转变过渡期,是实现农业物联网的大发展时期,为现代农业发展提供了前所未有的大机遇。可以看出,农业无疑是物联网应用的重要领域,未来的农业将会是高效、便利、实时、安全的农业,是"万物互联"的农业。

第二章　物联网 RFID 识别技术

第一节　RFID 技术概述

一、RFID 技术概况

RFID 是 Radio Frequency Identification 的缩写,即射频识别技术,俗称电子标签。RFID 是一种非接触的自动识别技术,其基本原理是利用射频信号和空间耦合传输特性,实现对被识别物体的自动识别。与广泛采用的条形码识别技术相比,它具有识别距离远、穿透能力强、多物体识别、抗污染等优点,现已广泛应用于工业、农业、物流、交通、电网管理、环保、安防、医疗、家居等领域。

典型的 RFID 系统由阅读器(Reader)、电子标签(Tag,即应答器 Transponder)和中间件(应用软件系统)三个部分构成。

阅读器由天线、射频收发模块和控制单元构成;其中,控制单元通常由放大器、解码和纠错电路、微处理器、标准接口等部件构成。

电子标签由耦合元件及芯片组成,依据国际标准委员会制定的电子产品代码 EPC,每个标签具有唯一的电子编码,附着在物体上标识目标对象。

RFID 是一种非接触式的自动识别技术,是利用射频信号和空间耦合(电感或电磁耦合)或雷达反射的传输特性,实现对被识别物体的自动识别。概言之,RFID 系统的基本工作原理为:电子标签进入磁场后,接收阅读器发出的射频信号,凭借感应电流所获得的能量发送出存储在芯片中的信息,或者由电子标签主动发送某一频率的信号,阅读器读取信息并解码后,发送至中央信息系统由专门的应用软件进行有关数据处理,完成信息识别和传输。其工作原理示意图如图 2-1 所示。

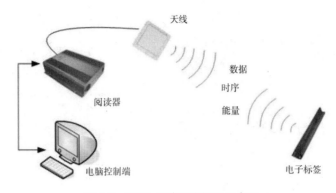

天线

数据
时序
能量

阅读器

电脑控制端

电子标签

图 2-1　RFID 系统工作原理示意图

二、RFID 技术的背景及发展现状

RFID 技术的历史最早可追溯到二战期间,雷达的改进和应用催生了 RFID 技术,RFID 早期用于敌我军用飞行目标的识别;至 20 世纪 90 年代,RFID 技术及其产品开始进入商业应用阶段,各种封闭系统应用开始出现;至 20 世纪末期,RFID 技术标准化问题日趋得到重视,RFID 产品得到广泛采用。

进入 21 世纪,RFID 技术得到迅猛发展,并由此激发了巨大的市场潜力;2008 年,全球 RFID 市场总价值达到 52.5 亿美元。继 2006 年 6 月国家科技部联合 14 部委发布了《中国射频识别技术政策白皮书》之后,同年 10 月,科技部"863"计划先进制造技术领域办公室正式发布《国家商业技术研究发展计划先进制造技术领域"射频识别技术与应用"重大项目 2006 年度课题申请指南》,投入了 1.28 亿元扶持 RFID 技术的研究和应用,对我国 RFID 产业的发展起到了重要的推动作用。据报道,2009 年中国 RFID 产业全年市场规模达 115 亿元,2010 年达 300 亿元,2015 年达 373 亿元。

目前,RFID 技术已在身份识别、交通管理、军事与安全、资产管理、防盗与防伪、金融、物流、工业控制等领域的应用中取得了突破性的进展,并在部分领域开始进入规模应用阶段。随着 RFID 技术的进一步成熟和成本的进一步降低,RFID 技术将逐步应用到社会生产、生活的各行各业中。

三、RFID 技术与物联网的关系

物联网即物物相连的互联网。它包括两层含义：其一，物联网的核心和基础仍然是互联网，是在互联网基础上的延伸和扩展的网络；其二，物联网的用户端可延伸和扩展到任何物品与物品之间，进行信息交换和通信。

目前，能够实现物与互联网"连接"功能的技术包括红外技术、地磁感应技术、射频识别技术（RFID 技术）、条码识别技术、视频识别技术、无线通信技术等，通过这些技术可以将物以信息形式连接到互联网中。而所有这些技术中，RFID 技术和其他识别技术相比，在准确率、感应距离、信息量等方面均具有非常明显的优势。因此，RFID 技术也成为实现"物—网"相连的主要技术手段。

在物联网的技术架构中，RFID 系统归属于"感知层"，如同物联网的触角，用于物品的身份标记及身份识别，使得自动识别连接于物联网上的每一个物体成为可能。总体而言，物联网与 RFID 技术关系紧密，RFID 技术是物联网发展的关键部分，但 RFID 技术的应用却不仅仅在物联网领域。

四、RFID 技术的数据传输原理和安全性

（一）RFID 技术的数据传输原理

编码和解码是数字通信中应用的主要技术之一。编码是指用二进制的数字代码来表示模拟信号抽样值的过程。RFID 系统的结构与通信系统的基本模型相类似，满足了通信功能的基本要求。读写器与标签之间的数据传输构成了基本通信模型相类似的结构。

RFID 数据传输的编码可用不同形式的代码来表示二进制的"1"和"0"。RFID 系统通常使用下列编码方法中的一种：

（1）反向不归零编码（NRZ，Not Return to Zero code）：是当"1"出现时电平翻转，当"0"出现时电平不翻转。数据 1 和 0 的区别不是电平高低，而是电平是否转换。

（2）曼切斯特编码（ME，Manchester Encoding）：也叫相位编码，是一种同步时钟编码技术，被物理层用来编码一个同步位流的时钟和数据，常用于局域网传输。曼切斯特编码将时钟和数据包含在数据流中，在传输代码信息的同时，也将时钟同步信号一起传输到对方，每位编码中有一跳变，不存在直流分量，因此具有自同步能力和良好的抗干扰性能。

（3）单极性归零编码（RZ，Return to Zero code）：是以高电平和零电平分别表示二进制码 1 和 0，而且在发送码 1 时高电平在整个码元期间 T 只持续一段时间 τ，其余时间返回零电平。

（4）差动双向编码（DBP，Differential Binary Phase code）：是通过在一个位周期内采用电平变化来表示逻辑 0 和 1 的。如果电平只在一个位周期的起始处发生跳变则表示逻辑 1，如果电平除了在一个位周期的起始处发生跳变，还在位周期的中间发生跳变，则表示逻辑 0。

（5）米勒编码（MC，Miller Code）：也称延迟调制码，是一种变形双相码。其编码规则为：对原始符号"1"，码元起始不跃变，在中心点出现跃变，即用 10 或 01 表示。对原始符号"0"则分成单个"0"还是连续"0"予以不同处理；单个"0"时，保持 0 前的电平不变，即在码元边界处电平不跃变，在码元中间点电平也不跃变；对于连续"0"，则使连续两个"0"的边界处发生电平跃变。

RFID 数据传输受到协议的支持与限制，包括传输容量与速度。而RFID 数据的传输成本受到传输速率、带宽、网络实施等的限制，同样也会受到软、硬件配置的影响。

（二）RFID 技术的安全性

RFID 系统的数据传输在标签与读写器之间实际上是无线传输，这也使信息和数据在无任何安全机制的情况下暴露于公众。对 RFID 系统来说，安全问题有两方面：一是攻击，二是潜在网络安全威胁。对标签的攻击包括窃听技术、窃取物流信息及去向等。从网络安全来看，RFID 网络中安全威胁主要有两方面：一是从读写器传到后台之间的网络漏洞给系统和后台信息造成的潜在威胁；二是 RFID 系统后台的网络是借助于标准的互联网，因此 RFID 后台网络中存在的安全问题和互联网是一样的。

五、RFID 空中接口协议

在 RFID 射频部分,数据是由无线信道传输的,电子标签和阅读器之间通过相应的空中接口协议才能进行相互通信。空中接口协议定义了读写器与标签之间进行命令和数据双向交换的机制,包括编码解码方式及调制解调方式等。因此,空中接口标准决定了 RFID 射频部分的信道模型,在 RFID 系统中举足轻重,它将直接决定系统传输和识别的可靠性与有效性。

国际标准化组织/国际电工委员会(International Organization for Standardization, ISO/International Electrotechnical Commission, IEC)制定了一系列 RFID 空中接口标准,其中影响最大的主要有 ISO/IEC 14443、ISO/IEC 15693 和 ISO/IEC 18000 三个系列标准。

(一) ISO/IEC 14443 标准

该标准是由 ISO/IEC JTC1 SC17 负责制定的非接触式 IC 卡国际标准,它采用的载波频率为 13.56 MHz,应用十分广泛,目前的第二代身份证标准中采用的就是 ISO/IEC 14443 TYPE B 协议。

(二) ISO/IEC 15693 标准

该标准也是由 ISO/IEC JTC1 SC17 负责制定的载波频率为 13.56 MHz 的非接触式 IC 卡国际标准。

(三) ISO/IEC 18000 标准

该标准是由 ISO/IEC JTC1 SC31 负责制定的 RFID 空中接口通信协议标准,它涵盖了从 125 kHz 到 2.45 GHz 的 RFID 通信频率,识读距离由几厘米到几十米,主要适用于射频识别技术在单品管理中的应用。

六、RFID 技术产品

RFID 技术产品主要包括阅读器、电子标签(应答器)及中间件。

(一) 阅读器

1.阅读器的基本功能

阅读器是 RFID 系统的主要构成部分,其主要功能是触发作为数据载体的电子标签,并与该标签建立通信联系且在应用软件和一个非接触的数据载体之间传输数据。这种非接触通信的一系列任务包括通信的建立、防止碰撞和身份验证等。

2.阅读器的基本构成

阅读器由硬件和软件两部分构成。硬件部分主要由控制系统和高频接口两部分构成,控制系统也称为读写模块,高频接口由接收器和发射器组成。

软件是生产厂家在产品出厂时固化在阅读器模块中的软件,负责对阅读器接收到的指令进行响应和对标签发出相应的指令,包括控制软件、导入软件和解码器。控制软件负责系统的控制和通信,完成与主机之间的数据传输和命令交换等功能;导入软件负责系统启动时导入相应的程序到指定的存储器空间,然后执行导入的程序;解码器负责将指令系统翻译成机器可识别的命令,进而控制发送的消息,或者将送到的电磁波模拟信号解码成数字信号,进行数据解码、防碰撞处理等。

3.阅读器的分类

根据阅读器的应用场景不同,可将其分为固定式阅读器及手持式阅读器。

固定式阅读器也称为固定式读写器,如图2-2所示,是最常用的阅读器形式之一。由RFID射频模块(发送器和接收器)、控制单元以及阅读器天线三部分构成,除天线外,其余部分均被封装在一个固定的外壳内。发卡器也是一种常见的固定式阅读器,主要用于对射频卡进行具体内容的操作,包括建档、消费、挂失、补卡、信息修改等,常与计算机连为一体,其本质是一种小型射频标签读写装置。

手持式阅读器也称为便携式读写器,如图2-3所示,是一类适合用户手持使用的RFID读写装置,包括低频、高频、超高频、有源等类型。手持式阅读器常用于动物识别、巡检、付款扫描、测试、稽查和仓库盘点等场合。

(二)电子标签

1.电子标签的概况

电子标签即应答器,在接收到阅读器发出的指令后,将本身所存储的编码回传给阅读器。在 RFID 应用系统中,电子标签作为特定的标识附着在被识别的物体上。电子标签由 IC 芯片和无线通信天线组成,一般保存有约定格式的电子数据。

图 2-2　RFID 固定式阅读器　　　图 2-3　RFID 手持式阅读器

2.电子标签的分类

电子标签依据不同的功能可分为只读(RO)、单次写入多次读取(OTR)和多次读写(RW)三种。只读式成本最低,其程序及数据编码在制作时已写入,使用者无法更改数据内容。单次写入多次读取允许使用者单次写入数据,在写入数据后变为只读,数据无法更改。多次读写价格最为昂贵,但它却可以让使用者多次写入。

依据有无电源可将电子标签分为被动式、主动式和半主动式三种。

被动式电子标签也称为无源电子标签,是发展最早,也是发展最成熟、市场应用最广的 RDID 产品。如公交卡、食堂餐卡、银行卡、宾馆门禁卡、二代身份证等,属于近距离接触式识别类标签。其本身没有电源,电源来自阅读器,由阅读器发射频率使感应标签产生能量而将数据传回给阅读器。这类电子标签体积较小,使用年限较长。

主动式电子标签也称为有源电子标签,内置有电源,用于与阅读器通信,故而有较长的感应距离,但价格较高、体积较大、使用年限较短。

半主动式电子标签本身有电池,电池只对自身的数字回路供电,数据通过阅读器的能量激活后,通过反射方式发送,感应距离较远 。

(三)中间件

中间件是一种独立的系统软件或服务程序,分布式应用软件借助于这种软件在不同的技术之间共享资源。中间件位于客户机/服务器的操作系统之上,管理计算机资源和网络通信,是连接两个独立应用程序或独立系统的软件。

RFID 中间件起到连接 RFID 电子标签和应用程序的功能,从应用程序端使用中间件所提供的一组通用的应用程序接口,即能连到 RFID 读写器,读取 RFID 标签数据。RFID 中间件作为一个软件系统,具有可扩展性、可修改性、可插入性等特点。

第二节　RFID 技术在农业生产中的应用及应用的趋势

一、RFID 技术在农业生产中的应用

(一)数字养殖

数字养殖应用的关键是要建立一套适合畜禽养殖的技术体系。具体到实际中的应用则是针对特定畜禽个体,可分别识别其各自编号,建立个体的基本档案。档案中包括各种畜禽喂养中的详细数据,如每日喂饲量、每日增重量、产奶产蛋量和疫病情况等。这套体系实现的技术基础是对畜禽个体的快速准确的识别,具体来说就是能够进行信息存储和处理的动物电子标签。

动物电子标签不仅可对动物进行识别,还能随时对动物的相关属性进行跟踪与管理。当动物进入 RFID 固定式阅读器的识别范围,或者工作人员拿着手持式阅读器靠近动物时,阅读器就会自动将动物的数据信息识别出来。如果将阅读器的数据传输到动物管理信息系统,便可以实现对动物的跟踪。目前,在欧洲已经建立了对牛的跟踪系统。

1998 年 9 月,英国宣布了牛跟踪系统计划,英国政府规定 2000 年 7 月以后出生的或者进口的牛必须采取数字识别。到 1999 年底,欧盟各成员国都实施了这个系统计划。从 2003 年 11 月 1 日起,英国开始

实施新的猪的识别标准。2008 年 1 月 1 日起,欧洲将强制性对绵羊进行电子识别。此外,英国政府也规定从 2004 年 8 月 30 日开始所有的马都要被识别与跟踪。

2003 年,我国"863"数字农业项目中首次列入了数字养殖研究课题。目前,一套基于远距离系统的 RFID 牛个体识别系统已经进入实用阶段。通过应用信息技术采集动物的个体信息,将所得信息作为参数输入到所建平台相应的数据表和预测模型中,由计算机按系统预制的预测模型,由泌乳曲线预测产奶量开始,到预测奶牛对干物质采食量及其他主要养分的需要量,对于处在相同生理阶段或具有相似生产性能的牛,拟选用相同的精饲料饲喂,按线性规划原理优化出符合条件的奶牛的日粮饲喂系列方案。数字化精细养殖带来的好处是大大节省了养殖过程中的人力、物力成本,大幅提高了产量,这是提高畜牧业集约化程度、提高效益的一个重要的技术手段。

(二)精细化种植

RFID 技术田间伺服系统主要由使用 RFID 等无线技术的田间管理监测设备自动记录田间影像与土壤酸碱度、温湿度、日照量乃至风速、雨量等微气象,并详细记录农产品的生产成长记录。其中,以日本的田间伺服器(Field Server)和美国伯克利大学发展的、MOTE 和 JPL 研发的 SW(Sensor Web)最为著名。

我国台湾在 2005 年农委会推广了稻米、茶叶及网络营销水果产销履历信息化与 RFID 推广应用计划,拟针对农业资源与环境管理电子化,推动发展有机稻米、茶叶,以网络营销水果为示范体系,其中就涉及了使用田间伺服系统的精细农产品生产模式。在大陆,中国农业大学的汪懋华教授联合加拿大麦克吉尔大学的王宁教授、美国堪萨斯州立大学的张乃谦教授对此也进行了深入研究。

总体而言,这种农产品的精细生产模式虽然能够有效提高作物的产量和质量,但设备投入费用昂贵,只适合种植经济效益高的作物,目前仍然处于小范围的试验阶段,还没有大规模普及应用。

(三)农产品安全生产监控

随着生活质量的提高,人们越来越关注食品安全的问题。民以食为天,食品安全是关系国计民生的头等大事,加强对农产品安全生产的管理是各国面临的亟待解决的难题。安全问题的防止最根本有效的方法是加强食品安全监管,除对生产者资格认定外,必须对产品的生产、流通进行全过程的监管。依托 RFID 技术、网络技术及数据库技术,能够实现信息的融合、查询、监控,为每一个生产阶段以及分销到最终消费领域的过程中提供针对每件货品安全性、食品成分来源及库存控制的合理决策,实现食品安全预警机制。

目前,在国内基于 RFID 技术的农产品安全监测系统已正式投入应用,如上海市于 2005 年投入使用的"安全猪肉监控追溯系统"。该系统将 RFID 标签打在猪耳朵上,实时获取生猪的饲料、病历、喂药、转群和检疫等信息,通过养猪场、道口、屠宰场、批发市场及超市的信息化建立起来的信息链接,实现了企业内部生产过程的安全控制和对流通环节的实时监控。目前,该系统已经在上海市及华东地区 57 家大型猪场中运行使用。广东出入境检验检疫局积极推进 RFID 系统在供港澳食用动物检验检疫工作中的应用,在出境食用动物身上安装电子标签,从而实现出境食用动物从繁育、饲养、防疫、用药、用料和运输等全程监管,大大提高了产品质量的透明度,使消费者买得放心、吃得安心。通过建立 RFID 农产品安全监测系统,将从根本上遏制诸如"三鹿"事件和四川橘子生虫等安全事故,还民众一个健康、安全的生活环境。

(四) 农产品流通

由于气候差异,生产的农产品经常需要跨地域运输。产品必须经过"产地—道口—批发市场—零售卖场"的产业链才能算是一次完整的交易,如用人工统计的方法将会耗费大量的人力、物力,不仅在精确度上无法达到令人满意的程度,而且会造成产品上市的延迟和保鲜度的降低,而 RFID 技术具有自动、快速、多目标识别等特点,能够满足农产品流通中的这种需求。在农产品上粘贴电子标签,用 RFID 系统进行自动监测,将会大大提高产品信息在流通过程中的采集速率,提高农产品供应链中信息集成和共享程度,从而提高整个供应链的效益和顾客满意度。

在国外,对于农产品流通中采用 RFID 技术很早就有过相应的试验和报道,如 2004 年日本千叶县制定了政府运营重点措施"千叶 2004 行动计划"。农产品在各个网点间每次移动都读入 RFID 标签,农产品的生产、流通信息便经过网络传输到中央服务器上,采用网络方式进行综合管理。该次试验表明,通过使用 RFID 技术,农产品在流通中的速率大大提高,而且通过流通中反映出来的信息也为以后的生产提供了参考。

在国内,对于 RFID 技术在农产品流通中的应用,不少公司企业都进行了相应的研究,也取得了不少成果,如上海同济大学信息技术和管理研究所与上海农业信息有限公司合作开展的基于 RFID 的生鲜蔬菜物流配送项目就是一种有益的尝试。

我国是一个农业大国,农业生产地域差异性显著,农产品流通是关系国家民生的重大问题,也是 RFID 技术在农业上应用的主要方面。建立基于 RFID 技术的农产品流通链,不仅可以加快效率,而且通过流通中反映出来的供需关系也是指导农业生产的重要依据。

二、RFID 技术在农业中应用的趋势

(一) RFID 与个人移动设备相结合

个人移动设备(如手机和可无线上网的 PDA 等)的网络遍布全球,给人们的生活和工作带来极大的便利。利用网络广泛的覆盖性,结合 RFID 技术,可以实现远程控制,从而为农业自动化提供了可能。例如,利用手机网络,通过短信发送信息给具有手机信号接收功能的 RFID 控制器,接收到命令后控制器能够控制相应的灌溉设备进行农田灌溉。该系统的实现并不复杂,只需在普通 RFID 控制器上加装手机信号收发模块。接收到信息后,将信息解析成具有控制效应的命令,RFID 控制器就能根据命令控制相应的灌溉设备工作。这样,管理人员不管身在何处,只要在具有手机网络的地方,都能给自己的农田浇水施肥。

(二) RFID 与 GPS 相结合

RFID 技术和 GPS(全球定位系统)相结合将会是农业应用的另一个新趋势。利用 GPS 的全球定位功能,可对农产品运输进行全程监

控,这将大大促进信息交换的实时性。

农产品的时效性和保鲜度是影响其品质高低的重要因素,这对现代化物流提出了新的挑战。基于 RFID、GPS 和 GIS 技术的物流监控管理系统实现了运输、保管、配送的信息共享、协同运作和快速反应。

在物流过程中使用 RFID 自动识别技术,保证了商品的实物流与信息流更新的一致性。它可以跟踪采集生产和仓储中的物流数据,节约了劳动力,同时结合 GPS 和 GIS 技术的使用,实现物流配送的全程监控和信息管理,大大缩短了物流各环节之间商品信息的交换时间,加快了物流的流通速度,并使得物流各环节的信息更加准确、及时和透明。供应链之间可以协同运作、科学决策,从而达到降低物流总成本的目标。

(三)集成传感器电子标签

在农产品供应链中,温度、湿度、光照度等参数对农产品的品质起着至关重要的作用。通过监测参数,对供应链中各个环节进行调整,可以有效地保障农产品的质量安全。融合了 RFID 技术和传感器技术而成的集成传感器电子标签,能够对农产品生产、加工、仓储和流通过程进行有效监控。在国外,已经有许多国家和地区应用 RFID 可追溯系统进行农产品质量安全管理。国内的研究起步较晚,但经过近几年的发展也取得了一些成果,如 2008 年北京奥运会期间应用的集成传感器电子标签在新鲜蔬菜供应链中就发挥了强大的作用。

第三章　物联网传感技术

第一节　传感器技术

一、传感器的概念

传感器是指能把待测的各种物理量或化学量(如位移、压力、速度、温度、湿度、热、光、声音等),也即将各类非电量转换成可被人或设备读取的,按照一定规律对应的、可测量的电量信号(如电压、电流、电阻等电信号)的元件、器件或装置的总称。其传感原理示意图如图 3-1 所示。

传感器技术的应用是实现现实世界中各种信息数字化的基本依据和保证,也是实现自动检测和自动控制的首要环节。

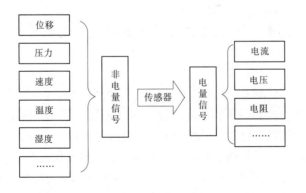

图 3-1　传感原理示意图

二、传感器的组成

传感器一般由敏感元件、转换元件和基本转换电路组成。

敏感元件是一种能够将被测量的变量转换成易于测量的物理量的预变换装置，而输入、输出间一般具有确定的线性数学关系。通常这类元件是利用材料的某种敏感效应制成的。可以按输入的物理量来命名各类敏感元件，如热敏、光敏、力敏、磁敏、湿敏元件等。

转换元件是将敏感元件输出的非电量转换成电路参数及电流或电压等电信号的元件。

敏感元件与转换元件间并无严格的界限，常将两者合为一体，如光电传感器、湿度传感器等。

基本转换电路是对转换元件输出的较弱电信号进行放大、滤波及其他整形处理的电路系统。

三、传感器的分类

由于被测量的信号种类繁多，针对同一种信号，也可以选用不同工作原理的传感器来测量，一种传感器也可以用于测量多种信号。目前对传感器的分类方法有很多种。

根据被测物理量不同可分为位移传感器、压力传感器、速度传感器、电流传感器、温度传感器等。

根据工作原理不同可分为电容式传感器、电势式传感器、电阻式传感器、电感式传感器、压电式传感器、光敏式传感器、光电式传感器等。

根据输出信号不同可分为模拟式传感器、数字式传感器和开关传感器等。模拟式传感器的输出量为模拟信号，数字式传感器的输出量为数字信号，开关传感器输出的为低电平或高电平信号。

根据能量的传递方式不同可分为有源传感器和无源传感器。能将非电能量转换为电能量（只转换能量本身，并不转化能量信号）的传感器称为有源传感器，也称为换能器；不需要使用外接电源且可以通过外部获得无限制的能源的感应式传感器称为无源传感器。

根据传感器制造工艺不同可分为集成传感器、薄膜传感器及陶瓷传感器。集成传感器是采用硅半导体集成工艺而制成的传感器,因此也称硅传感器或单片集成传感器。薄膜传感器又称为压电薄膜传感器,是一类动态应变传感器,对动态应力非常敏感,其核心部分为压电薄膜(压电聚偏氟乙烯 PVDF 高分子膜),在应力作用下,薄膜上下电极表面之间就会产生一个电信号(电荷或电压),并且与拉伸或弯曲的形变成对应比例关系。陶瓷传感器是利用陶瓷薄片作为敏感元件感知外来应力变化的传感器,在应力作用下,印刷在陶瓷薄片背面的厚膜电阻连接成一个惠斯通电桥,通过压阻效应产生一个与压力成正比的高度线性电压信号。

四、传感器技术的特点

传感器技术有以下特点:

(1)响应速度快,精度高,灵敏度高,测量范围宽。如一些高精度的温度传感器检测温度范围可达-273~1 000 ℃。

(2)在特殊环境下能连续进行检测,便于自动记录。在人类无法生存的高温、高压、恶劣环境中,以及对人类五官不能感觉到的信息(如超声波、红外线等),能进行连续检测,自动记录变化的数据。

(3)可与计算机相连,进行数据的自动运算、分析和处理。传感器将非电物理量转换成电信号后,通过接口电路变成计算机能够处理的信号,进行自动运算、分析和处理。

(4)品种繁多,应用广泛。现代信息系统中待测的信息量很多,一种待测信息可由几种传感器来测量,一种传感器也可测量多种信息,因此传感器种类繁多,应用广泛,从航空、航天、兵器、交通、机械、电子、冶炼、轻工、化工、煤炭、石油、环保、医疗、生物工程等领域,到农、林、牧、副、渔业,以及人们的衣、食、住、行等生活的各方面,几乎无处不使用传感器,无处不需要传感器。

五、传感技术的发展趋势

随着科学技术的迅速发展以及相关条件的日趋成熟,传感器技术将应用到国民生产、生活的更多方面。当今传感器技术的研究与发展,特别是基于光电通信和生物学原理的新型传感器技术的发展,已成为推动国家乃至世界信息化产业进步的重要标志与动力。未来传感器技术的发展趋势主要有以下四个方面。

(一)新材料的开发与应用

材料是传感器技术的重要基础和前提,是传感器技术升级的重要支撑,因而传感器技术的发展必然要求加大新材料的研制力度。事实上由于材料科学的不断发展,传感器材料不断得到更新,品种不断得到丰富,目前除传统的半导体材料、陶瓷材料、光导材料、超导材料外,新型的纳米材料的诞生有利于传感器向微型方向发展,随着科学技术的不断进步将有更多的新型材料诞生并应用到传感技术当中。

(二)传感器的集成化、多功能化及智能化

传感器的集成化分为传感器本身的集成化和传感器与后续电路的集成化。前者是在同一芯片上,或将众多同一类型的单个传感器件集成为一维线型、二维阵列(面)型传感器,使传感器的检测参数由点到面到体多维图像化,甚至能加上时序,变单参数检测为多参数检测;后者是将传感器与调整、补偿等电路集成一体,使传感器由单一的信号变换功能,扩展为兼有放大、运算、干扰补偿等多功能,实现了横向和纵向的多功能。如日本丰田研究所开发出的能同时检测 Na^+、K^+ 和 H^+ 等多种离子的传感器。这种传感器的芯片尺寸为 2.5 mm×0.5 mm,仅用一滴液体,如一滴血液,即可同时快速检测出其中 Na^+、K^+ 和 H^+ 的浓度,对医院临床非常方便实用。

智能化传感器是指装有微处理器的,不但能够执行信息处理和信息存储,而且能够进行逻辑思考和结论判断的传感器系统。这一类传感器相当于微型机与传感器的综合体,其主要组成部分包括主传感器、辅助传感器及微型机的硬件设备。

与传统的传感器相比,智能化传感器具有以下优点:

(1)智能化传感器不但能够对信息进行处理、分析和调节,能够对所测的数值及其误差进行补偿,而且能够进行逻辑思考和结论判断,能够借助于一览表对非线性信号进行线性化处理,借助于软件滤波器滤波数字信号。

（2）智能化传感器具有自诊断和自校准功能，可以用来检测工作环境。

（3）智能化传感器能够完成多传感器多参数混合测量，从而进一步拓宽了其探测与应用领域，而微处理器的介入使得智能化传感器能够更加方便地对多种信号进行实时处理。

（4）智能化传感器既能够很方便地实时处理所探测到的大量数据，也可以根据需要将它们存储起来。

（5）智能化传感器备有一个数字式通信接口，通过此接口可以直接与其所属计算机进行通信联络和交换信息。

智能化传感器无疑将会进一步扩展到化学、电磁、光学和核物理等研究领域。可以预见，新兴的智能化传感器将会在关系到全人类生产、生活的各个领域发挥越来越大的作用。

（三）传感器微小型化

为了能够与信息时代信息量激增、要求捕获和处理信息的能力日益增强的技术发展趋势保持一致，对于传感器性能指标的要求越来越严格；与此同时，传感器系统的操作友好性也被提上了议事日程，因此还要求传感器必须配有标准的输出模式；而传统的大体积弱功能传感器往往很难满足上述要求，所以它们已逐步被各种不同类型的高性能微型传感器取代；后者主要由硅材料构成，具有体积小、质量轻、反应快、灵敏度高以及成本低等优点。

就当前技术发展现状来看，微型传感器已经对大量不同应用领域，如航空、远距离探测、医疗及工业自动化等领域的信号探测系统产生了深远影响；目前开发并进入实用阶段的微型传感器已可以用来测量各种物理量、化学量和生物量，如位移、速度、加速度、压力、应力、应变、声、光、电、磁、热、pH、离子浓度及生物分子浓度等。

（四）传感器的无线网络化

无线网络对我们来说并不陌生，比如手机、无线上网、电视机。传感器对我们来说也不陌生，比如温度传感器。但是，把二者结合在一起，提出无线传感器网络这个概念，却是近几年才发生的事情。这个网络的主要组成部分就是一个个传感器节点。这些节点可以感受温度的高低、湿度的变化、压力的增减、噪声的升降。更让人感兴趣的是,每一个节点都是一个可以进行快速运算的微型计算机,它们将传感器收集到的信息转化成数字信号,进行编码,然后通过节点与节点之间自行建立的无线网络发送给具有更大处理能力的服务器。

传感器网络是当前国际上备受关注的、由多学科高度交叉的新兴前沿研究热点领域,被认为是将对 21 世纪产生巨大影响力的技术之一。无线传感器网络有着十分广泛的应用前景,它不仅在工业、农业、军事、环境、医疗等传统领域具有巨大的运用价值,而且未来还将在许多新兴领域体现其优越性,如家用、保健、交通等领域。我们可以大胆地预见,未来无线传感器网络将无处不在,将完全融入我们的生活。比如微型传感器网络最终可能将家用电器、个人电脑和其他日常用品同互联网相连,实现远距离跟踪,家庭采用无线传感器网络负责安全调控、节能等。

第二节　传感网概述

一、传感网的概念

传感网又称为传感器网络,是在一定范围内,由许多集成有传感器、数据处理单位和通信单元的微小节点通过一定的组织方式形成的网络系统。其目的是协作地感知、采集和处理网络覆盖区域中感知对象的信息,并将信息发送至互联网、移动通信网等网络中,实现人与物、物与物之间的信息交换。

二、传感网的起源与发展

传感网的概念起源于 1978 年美国国防部高级研究计划局(Defense Advanced Research Projects Agency,DARPA)资助的卡内基梅隆大学(Carnegie Mellon University,CMU)进行的分布式传感网的研究项目,主要研究由若干具有无线通信能力的传感器节点自组织构成的网络。这被看成是无线传感网的雏形。1980 年,DARPA 的分布式传感网项目开启了传感网研究的先河;20世纪80~90年代,研究主要集中在军事领域,成为网络中心战的关键技术,拉开了无线传感网研究的序幕;从20世纪90年代中期开始,美国和欧洲等发达国家和地区先后开始了大量的关于无线传感网的研究工作。

进入21世纪,随着无线通信、微芯片制造等技术的进步,无线传感网的研究取得了重大进展,并引起了军方、学术界以及工业界的极大关注。美国军方投入了大量经费进行在战场环境应用无线传感网的研究。工业化国家和部分新兴的经济体都对传感网表现出了极大的兴趣。国家科学基金会(NSF)也设立了大量与其相关的项目,2003年制订了无线传感研究计划,并在加州大学洛杉矶分校成立了传感网研究中心;2005年对网络技术和系统的研究计划中,主要研究下一代高可靠、安全可扩展、可编程的无线网络及传感器系统的网络特性。此外,美国交通部、能源部、国家航空航天局也相继启动了相关的研究项目。

目前,美国许多著名大学都设有专门从事无线传感网研究的课题研究小组,如麻省理工学院、加州大学伯克利分校等。

欧洲、大洋洲和亚洲的一些工业化国家(如加拿大、英国、德国、芬兰、日本、意大利等)的高等院校、研究机构和企业也积极进行无线传感网的相关研究。欧盟第六个框架计划将"信息社会技术"作为优先发展的领域之一,其中多处涉及对无线传感网的研究。日本总务省在2004年3月成立了"泛在传感器网络"调查研究会。

同时,许多大型企业也投入巨资进行无线传感网的产业化开发。目前,已经开发出一些实际可用的传感器节点平台和面向无线传感网的操作系统及数据库系统。比较有代表性的产品包括加州大学伯克利分校和Crossbow公司联合开发的MICA系列传感器节点、加州大学伯克利分校开发的TinyOS操作系统和TinyDB数据管理系统。

我国对无线传感网的研究起步较晚,1999年中国科学院《知识创新工程试点领域方向研究》的"信息与自动化领域研究报告"的推出标志着无线传感网研究的启动,也是该领域的五大重点项目之一。2001年,中国科学院依托上海微系统与信息技术研究所成立微系统研究与

发展中心,主要从事无线传感网的相关研究工作。国家自然科学基金
已经审批了与无线传感网相关的多项课题。2004 年,将一项无线传感
网项目"面向传感器网络的分布自治系统关键技术及协调控制理论"
列为重点研究项目。2005 年,将网络传感器中的基础理论和关键技术
列入计划。2006 年,将水下移动传感网的关键技术列为重点研究项
目。国家发展和改革委员会下一代互联网(CNGI)示范工程中,也部署
了无线传感器网络相关的课题。2006 年年初发布的《国家中长期科学
与技术发展规划纲要》为信息技术定义了三个前沿方向,其中的两个
方向(智能感知技术和自组织网络技术)都与无线传感网的研究直接
相关。我国 2010 年远景规划和"十五"计划中,也将无线传感器网络
列为重点发展的产业之一。

三、传感网络体系结构

(一)传感器网络结构

传感器网络系统通常包括传感器节点(Sensor Node)、汇聚节点
(Sink Node)和管理节点。大量传感器节点随机部署在监测区域(Sensor Field)内部或附近,能够通过自组织方式构成网络。传感器节点监
测的数据沿着其他传感器节点逐跳地进行传输,在传输过程中监测数
据可能被多个节点处理,经过多跳后路由到汇聚节点,最后通过互联网
或卫星到达管理节点。用户通过管理节点对传感器网络进行配置和管
理,发布监测任务以及收集监测数据。传感器节点通常是一个微型的
嵌入式系统,它的处理能力、存储能力和通信能力相对较弱,通过携带
能量有限的电池供电。从网络功能上看,每个传感器节点兼顾传统网
络节点的终端和路由器双重功能,除进行本地信息收集和数据处理外,
还要对其他节点转发来的数据进行存储、管理和融合等处理,同时与其
他节点协作完成一些特定任务。目前,传感器节点的软、硬件技术是传
感器网络研究的重点。

汇聚节点的处理能力、存储能力和通信能力相对比较强,它连接传
感器网络与 Internet 等外部网络,实现两种协议栈(网络中各层协议的
总和)之间的通信协议转换,同时发布管理节点的监测任务,并把收集

的数据转发到外部网络上。汇聚节点既可以是一个具有增强功能的传感器节点，有足够的能量供给和更多的内存与计算资源，也可以是没有监测功能仅带有无线通信接口的特殊网关设备。

(二)传感器节点结构

传感器节点由传感器模块、处理器模块、无线通信模块和能量供应模块四部分组成，如图 3-2 所示。传感器模块负责监测区域内信息的采集和数据转换；处理器模块负责控制整个传感器节点的操作，存储和处理本身采集的数据以及其他节点发来的数据；无线通信模块负责与其他传感器节点进行无线通信，交换控制消息和收发采集数据；能量供应模块为传感器节点提供运行所需的能量，通常采用微型电池。

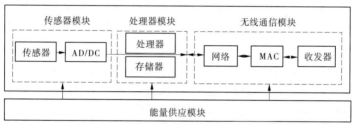

图 3-2　无线传感器节点结构

四、传感网的特征

(一)与现有无线网络的区别

无线自组网(Mobile Ad-Hoc Network)是一个由几十到上百个节点组成的、采用无线通信方式的、动态组网的多跳的移动性对等网络。其目的是通过动态路由和移动管理技术传输具有服务质量要求的多媒体信息流。通常，节点具有持续的能量供给。

传感器网络虽然与无线自组网有相似之处，但同时也存在很大的差别。传感器网络是集成了监测、控制以及无线通信的网络系统，节点数目更为庞大(上千个甚至上万个)，节点分布更为密集；由于环境影响和能量耗尽，节点更容易出现故障；环境干扰和节点故障易造成网络拓扑结构的变化；通常情况下，大多数传感器节点是固定不动的。另外,传感器节点具有的能量、处理能力、存储能力和通信能力等都十分有限。传统无线网络的首要设计目标是提供高服务质量和高效带宽利用,其次才考虑节约能源;而传感器网络的首要设计目标是能源的高效使用,这也是传感器网络和传统网络最重要的区别之一。

(二)传感器节点的限制

传感器节点在实现各种网络协议和应用系统时,存在以下一些现实约束。

1.电源能量有限

传感器节点体积微小,通常携带能量十分有限的电池。由于传感器节点个数多、成本要求低廉、分布区域广,而且部署区域环境复杂,有些区域甚至人员不能到达,所以传感器节点通过更换电池的方式来补充能源是不现实的。如何高效使用能量来最大化网络生命周期是传感器网络面临的首要挑战。

传感器节点消耗能量的模块包括传感器模块、处理器模块和无线通信模块。随着集成电路工艺的进步,处理器模块和传感器模块的功耗变得很低,绝大部分能量消耗在无线通信模块上。

无线通信模块存在发送、接收、空闲和睡眠四种状态。无线通信模块在空闲状态一直监听无线信道的使用情况,检查是否有数据发送给自己,而在睡眠状态则关闭通信模块。无线通信模块在发送状态的能量消耗最大,在空闲状态和接收状态的能量消耗接近,略少于发送状态的能量消耗,在睡眠状态的能量消耗最少。如何让网络通信更有效率,减少不必要的转发和接收,不需要通信时尽快进入睡眠状态,是传感器网络协议设计需要重点考虑的问题。

2.通信能力有限

无线通信的能量消耗(E)与通信距离(d)的关系为

$$E = kd^n \quad (k \text{ 为常数})$$

其中,参数 n 满足关系 $2<n<4$。n 的取值与很多因素有关,例如传感器节点部署贴近地面时,障碍物多、干扰大,n 的取值就大;天线质量对信号发射质量的影响也很大。考虑诸多因素,通常 n 取为 3,即通信能耗与距离的三次方成正比。随着通信距离的增加,能耗将急剧增加。

因此,在满足通信连通度的前提下应尽量减小单跳通信距离。一般而言,传感器节点的无线通信半径在100 m以内比较合适。

考虑到传感器节点的能量限制和网络覆盖区域大,传感器网络采用多跳路由的传输机制。传感器节点的无线通信带宽有限,通常仅有几百kbps的速率。由于节点能量的变化,受高山、建筑物、障碍物等地势地貌以及风、雨、雷、电等自然环境的影响,无线通信性能可能经常变化,频繁出现通信中断。在这样的通信环境和节点有限的通信能力情况下,如何设计网络通信机制以满足传感器网络的通信需求是传感器网络面临的挑战之一。

3.计算能力和存储能力有限

传感器节点是一种微型嵌入式设备,要求它价格低、功耗小,这些限制必然导致其携带的处理器能力比较弱,存储器容量比较小。为了完成各种任务,传感器节点需要完成监测数据的采集和转换、数据的管理和处理、应答汇聚节点的任务请求和节点控制等多种工作。如何利用有限的计算和存储资源完成诸多协同任务成为传感器网络设计的挑战。

随着低功耗电路和系统设计技术水平的提高,目前已经开发出很多超低功耗微处理器。除降低处理器的绝对功耗外,现代处理器还支持模块化供电和动态频率调节功能。利用这些处理器的特性,传感器节点的操作系统设计了动态能量管理(Dynamic Power Management, DPM)和动态电压调节(Dynamic Voltage Scaling, DVS)模块,可以更有效地利用节点的各种资源。动态能量管理是当节点周围没有感兴趣的事件发生时,部分模块处于空闲状态,把这些组件关掉或调到更低能耗的睡眠状态。动态电压调节是当计算负载较低时,通过降低微处理器的工作电压和频率来降低处理能力,从而节约微处理器的能耗,很多处理器如Strong ARM都支持电压频率调节。

(三)传感器网络的特点

1.大规模网络

为了获取精确信息,在监测区域通常部署大量传感器节点,传感器节点数量可能达到成千上万个,甚至更多。传感器网络的大规模性包括两方面的含义:一方面是传感器节点分布在很大的地理区域内,如在原始森林采用传感器网络进行森林防火和环境监测,需要部署大量的传感器节点;另一方面,传感器节点部署很密集,在一个面积不是很大的空间内,密集部署了大量的传感器节点。

传感器网络的大规模性具有如下优点:通过不同空间视角获得的信息具有更大的信噪比;通过分布式处理大量的采集信息能够提高监测的精确度,降低对单个节点传感器的精度要求;大量冗余节点的存在,使得系统具有很强的容错性能;大量节点能够增大覆盖的监测区域,减少洞穴或者盲区。

2.自组织网络

在传感器网络应用中,通常情况下传感器节点被放置在没有基础结构的地方。传感器节点的位置不能预先精确设定,节点之间的相互邻居关系预先也不知道,如通过飞机撒播大量传感器节点到面积广阔的原始森林中,或随意放置到人不可到达或危险的区域。这样就要求传感器节点具有自组织的能力,能够自动进行配置和管理,通过拓扑控制机制和网络协议自动形成转发监测数据的多跳无线网络系统。

在传感器网络使用过程中,部分传感器节点由于能量耗尽或环境因素造成失效,也有一些节点为了弥补失效节点、增加监测精度而补充到网络中,这样在传感器网络中的节点个数就动态地增加或减少,从而使网络的拓扑结构随之动态地变化。传感器网络的自组织性要能够适应这种网络拓扑结构的动态变化。

传感器动态性网络的拓扑结构可能因为下列因素而改变:

(1)环境因素或电能耗尽造成的传感器节点出现故障或失效。

(2)环境条件变化可能造成无线通信链路带宽变化,甚至时断时通。

(3)传感器网络的传感器、感知对象和观察者这三要素都可能具有移动性。

(4)新节点的加入。这就要求传感器网络系统要能够适应这种变化,具有动态的系统可重构性。

3.可靠的网络

传感器网络特别适合部署在恶劣环境或人类不宜到达的区域,传感器节点可能工作在露天环境中,遭受暴晒或风吹雨淋,甚至遭到无关人员或动物的破坏。传感器节点往往采用随机部署,如通过飞机撒播或发射炮弹到指定区域进行部署。这些都要求传感器节点非常坚固,不易损坏,适应各种恶劣环境条件。由于监测区域环境的限制以及传感器节点数目巨大,不可能人工"照顾"每个传感器节点,网络的维护十分困难甚至不可维护。传感器网络的通信保密性和安全性也十分重要,要防止监测数据被盗取和获取伪造的监测信息。因此,传感器网络的软、硬件必须具有鲁棒性(Robustness)和容错性。

4.应用相关的网络

传感器网络用来感知客观物理世界,获取物理世界的信息量。客观世界的物理量多种多样,不可穷尽。不同的传感器网络应用关注不同的物理量,因此对传感器的应用系统也有多种多样的要求。

不同的应用背景对传感器网络的要求不同,其硬件平台、软件系统和网络协议必然会有很大差别。所以,传感器网络不能像 Internet 一样,有统一的通信协议平台。对于不同的传感器网络应用虽然存在一些共性问题,但在开发传感器网络应用中,更关心传感器网络的差异。只有让系统更贴近应用,才能做出最高效的目标系统。针对每一个具体应用来研究传感器网络技术,这是传感器网络设计不同于传统网络的显著特征。

5.以数据为中心的网络

目前的互联网是先有计算机终端系统,然后互联成为网络,终端系统可以脱离网络独立存在。在互联网中,网络设备用网络中唯一的 IP 地址标识,资源定位和信息传输依赖于终端、路由器、服务器等网络设备的 IP 地址。如果想访问互联网中的资源,首先要知道存放资源的服务器 IP 地址。可以说目前的互联网是一个以地址为中心的网络。

传感器网络是任务型的网络,脱离传感器网络谈论传感器节点没有任何意义。传感器网络中的节点采用节点编号标识,节点编号是否需要取决于网络通信协议的设计。由于传感器节点随机部署,构成的传感器网络与节点编号之间的关系是完全动态的,表现为节点编号与节点位置没有必然联系。用户使用传感器网络查询事件时,直接将所关心的事件通告给网络,而不是通告给某个确定编号的节点。网络在获得指定事件的信息后汇报给用户。这种以数据本身作为查询或传输线索的思想更接近于自然语言交流的习惯。所以,通常说传感器网络是一个以数据为中心的网络。

五、传感网的工作原理

传感器网络节点的组成和功能包括如下四个基本模块:传感器模块(由传感器和模数转换功能模块组成)、处理器模块(由嵌入式系统构成,包括 CPU、存储器、嵌入式操作系统等)、通信模块(由无线通信模块组成)以及能量供应模块(电源部分)。此外,可以选择的其他功能模块包括定位系统、运动系统以及发电装置等。

传感器节点之间可以相互通信,自己组织成网并通过多跳的方式连接至 Sink(基站节点),Sink 节点收到数据后,通过网关(Gateway)完成和公用 Internet 网络的连接。整个系统通过任务管理器来管理和控制。传感器网络的特性使得其有着非常广泛的应用前景,其无处不在的特点使其在不远的未来成为我们生活中不可缺少的一部分。

随着通信技术和计算机技术的飞速发展,人类社会已经进入了网络时代。智能传感器的开发和大量使用,导致了在分布式控制系统中,对传感信息交换提出了许多新的要求。单独的传感器数据采集已经不能适应现代控制技术和检测技术的发展,取而代之的是分布式数据采集系统组成的传感器网络,传感器网络可以实施远程采集数据,并进行分类存储和应用。

六、传感网的关键技术

(一)网络拓扑控制

对于无线的自组织的传感器网络而言,网络拓扑控制具有特别重要的意义。通过拓扑控制自动生成的良好的网络拓扑结构,能够提高路由协议和 MAC 协议的效率,可为数据融合、时间同步和目标定位等很多方面奠定基础,有利于节省节点的能量来延长网络的生存期。所以,拓扑控制是无线传感器网络研究的核心技术之一。

传感器网络拓扑控制目前主要的研究问题是在满足网络覆盖度和连通度的前提下,通过功率控制和骨干网节点选择,剔除节点之间不必要的无线通信链路,生成一个高效的数据转发的网络拓扑结构。拓扑控制可以分为节点功率控制和层次型拓扑控制两种形式。功率控制机制调节网络中,在满足网络连通度的前提下,减少节点的发送功率,均衡节点单跳可达的邻居数目。层次型的拓扑控制利用分簇机制,让一些节点作为簇头节点,由簇头节点形成一个处理并转发数据的骨干网,其他非骨干网节点可以暂时关闭通信模块,进入休眠状态以节省能量。

除了传统的功率控制和层次型拓扑控制,人们也提出了启发式的节点唤醒和休眠机制。该机制能够使节点在没有事件发生时设置通信模块为睡眠状态,而在有事件发生时及时自动醒来并唤醒邻居节点,形成数据转发的拓扑结构。这种机制重点在于解决节点在睡眠状态和活动状态之间的转换问题,不能够独立作为一种拓扑结构控制机制,因此需要与其他拓扑控制算法结合使用。

(二)网络协议

由于传感器节点的计算能力、存储能力、通信能量以及携带的能量都十分有限,每个节点只能获取局部网络的拓扑信息,其上运行的网络协议也不能太复杂。同时,传感器拓扑结构动态变化,网络资源也在不断变化,这些都对网络协议提出了更高的要求。传感器网络协议负责使各个独立的节点形成一个多跳的数据传输网络,目前研究的重点是网络层协议和数据链路层协议。网络层的路由协议决定监测信息的传输路径;数据链路层的介质访问控制用来构建底层的基础结构,控制传感器节点的通信过程和工作模式。

在无线传感器网络中,路由协议不仅关系单个节点的能量消耗,更关系整个网络能量的均衡消耗,这样才能延长整个网络的生存期。同时,无线传感器网络是以数据为中心的,这在路由协议中表现得最为突出,每个节点没有必要采用全网统一的编址,选择路径可以不用根据节点的编址,更多的是根据感兴趣的数据建立数据源到汇聚节点之间的转发路径。目前提出了多种类型的传感器网络路由协议,如多个能量感知的路由协议、定向扩散和谣传路由协议(Rumor Routing Protocol)等基于查询的路由协议、GEAR 和 GEM 等基于地理位置的路由协议等。

传感器网络的 MAC 协议首先要考虑节省能源和可扩展性,其次才考虑公平性、利用率和实时性等。在 MAC 层的能量浪费主要表现在空闲侦听、接收不必要数据和碰撞重传等。为了减少能量的消耗,MAC 协议通常采用"侦听/睡眠"交替的无线信道侦听机制,传感器节点在需要收发数据时才侦听无线信道,没有数据需要收发时就尽量进入睡眠状态。近期提出了 S-MAC、T-MAC 和 Sift 等基于竞争的 MAC 协议、DEANA、TRAMA、DMAC 和周期性调度等时分复用的 MAC 协议,以及 CSMA/CA 与 CDMA 相结合、TDMA 和 FDMA 相结合的 MAC 协议。由于传感器网络是应用相关的网络,应用需求不同时,网络协议往往需要根据应用类型或应用目标环境特征定制,没有任何一个协议能够高效适应所有不同的应用。

(三)网络安全

无线传感器网络作为任务型的网络,不仅要进行数据的传输,而且要进行数据采集和融合、任务的协同控制等。如何保证任务执行的机密性、数据产生的可靠性、数据融合的高效性以及数据传输的安全性,就成为无线传感器网络安全问题需要全面考虑的内容。

为了保证任务的机密布置和任务执行结果的安全传递与融合,无线传感器网络需要实现一些最基本的安全机制:机密性、点到点的消息认证、完整性鉴别、新鲜性、认证广播和安全管理。此外,为了确保数据融合后数据源信息的保留,水印技术也成为无线传感器网络安全的研究内容。

虽然在安全研究方面,无线传感器网络没有引入太多的内容,但无线传感器网络的特点决定了它的安全与传统网络安全在研究方法和计算手段上有很大的不同。首先,无线传感器网络的单元节点的各方面能力都不能与目前 Internet 的任何一种网络终端相比,所以必然存在算法计算强度和安全强度之间的权衡问题,如何通过更简单的算法实现尽量坚固的安全外壳是无线传感器网络安全的主要挑战;其次,有限的计算资源和能量资源往往需要系统地进行各种技术综合考虑,以减少系统代码的数量,如安全路由技术等;另外,无线传感器网络任务的协作特性和路由的局部特性使节点之间存在安全耦合,单个节点的安全泄漏必然威胁网络的安全,所以在考虑安全算法的时候要尽量减小这种耦合性。

无线传感器网络 SPINS 安全框架在机密性、点到点的消息认证、完整性鉴别、新鲜性、认证广播等方面定义了完整有效的机制和算法。安全管理方面目前以密钥预分布模型作为安全初始化和维护的主要机制,其中随机密钥对模型、基于多项式的密钥对模型等是目前最有代表性的算法。

(四)无线通信技术

传感器网络需要低功耗、短距离的无线通信技术。IEEE 802.15.4 标准是针对低速无线个人局域网络的无线通信标准,把低功耗、低成本作为设计的主要目标,旨在为个人或者家庭范围内不同设备之间低速联网提供统一标准。由于 IEEE 802.15.4 标准的网络特征与无线传感器网络存在很多相似之处,故很多研究机构把它作为无线传感器网络的无线通信平台。

超宽带技术(UWB)是一种极具潜力的无线通信技术。超宽带技术具有对信道衰落不敏感、发射信号功率谱密度低、低截获能力、系统复杂度低、能提供数厘米的定位精度等优点,非常适合应用在无线传感器网络中。迄今为止,关于 UWB 有两种技术方案:一种是以 Free Scale 公司为代表的 DS-CDMA 单频带方式,另一种是由英特尔、德州仪器等公司共同提出的多频带 OFDM 方案,但还没有一种方案成为正式的国际标准。

(五)嵌入式操作系统

传感器节点是一个微型的嵌入式系统,携带非常有限的硬件资源,需要操作系统能够节能、高效地使用其有限的内存、处理器和通信模块,且能够对各种特定应用提供最大的支持。在面向无线传感器网络的操作系统的支持下,多个应用可以并发地使用系统的有限资源。

传感器节点有两个突出的特点:一个特点是并发性密集,即可能存在多个需要同时执行的逻辑控制,这需要操作系统能够有效地满足这种发生频繁、并发程度高、执行过程比较短的逻辑控制流程;另一个特点是传感器节点模块化程度很高,要求操作系统能够使应用程序方便地对硬件进行控制,且保证在不影响整体开销的情况下,应用程序中的各个部分能够比较方便地进行重新组合。上述这些特点对设计面向无线传感器网络的操作系统提出了新的挑战。美国加州大学伯克利分校针对无线传感器网络研发了 TinyOS 操作系统,在科研机构的研究中得到比较广泛的使用,但仍然存在不足之处。

(六)应用层技术

传感器网络应用层由各种面向应用的软件系统构成,部署的传感器网络往往执行多种任务。应用层的研究主要是各种传感器网络应用系统的开发和多任务之间的协调,如作战环境侦查与监控系统、军事侦查系统、情报获取系统、战场监测与指挥系统、环境监测系统、交通管理系统、灾难预防系统、危险区域监测系统、有灭绝危险的动物或珍贵动物的跟踪监护系统、民用和工程设施的安全性监测系统、生物医学监测与诊疗系统等。

传感器网络应用开发环境的研究旨在为应用系统的开发提供有效的软件开发环境和软件工具,需要解决的问题包括传感器网络程序设计语言,传感器网络程序设计方法学,传感器网络软件开发环境和工具,传感器网络软件测试工具的研究,面向应用的系统服务(如位置管理和服务发现等),基于感知数据的理解、决策和举动的理论与技术(如感知数据的决策理论、反馈理论、新的统计算法、模式识别和状态估计技术等)。

第三节　无线传感网

一、无线传感器网络概述

无线传感器网络(Wireless Sensor Networks, WSN)是一种分布式传感网络,它的末梢是可以感知和检查外部世界的传感器。传感器间通过无线方式通信,形成一个多跳自组织网络,网络设置灵活,设备位置可以随时更改。WSN 通过有线或无线方式与互联网进行连接。WSN 的发展得益于微机电系统(Micro-Electro-Mechanical System, MEMS)、片上系统(System on Chip, SoC)、无线通信和低功耗嵌入式技术的飞速发展。

目前大部分已部署的 WSN,都仅限于采集温度、湿度、位置、光强、压力、生化等标量数据,而在医疗监护、交通监控、智能家居等实际应用中,我们需要获取视频、音频、图像等多媒体信息,这就迫切需要一种新的无线传感器网络——无线多媒体传感器网络。无线多媒体传感器网络(WMSN,Wireless Multimedia Sensor Networks)是在传统 WSN 的基础上引入视频、音频、图像等多媒体信息感知功能的新型传感器网络。

无线多媒体传感器网络是在无线传感器网络中加入了一些能够采集更加丰富的视频、音频、图像等信息的传感器节点,由这些不同的节点组成了具有存储计算和通信能力的分布式传感器网络。WMSN 通过多媒体传感器节点感知周围环境中的多种媒体信息,这些信息可以通过单跳和多跳中继的方式传送到汇聚节点,然后汇聚节点对接收到的数据进行分析处理,最终把分析处理后的结果发送给用户,从而实现全面而有效的环境监测。

二、无线传感器网络的拓扑结构

无线传感器网络的拓扑结构是组织无线传感器节点的组网技术,有多种形态和组网方式。按照其组网形态和方式分,有集中式、分布式和混合式。无线传感器网络的集中式结构类似移动通信的蜂窝结构,集中管理;无线传感器网络的分布式结构类似 Ad-Hoc 网络结构,可自组织网络接入连接,分布管理;无线传感器网络的混合式结构包括集中式和分布式结构的组合。无线传感器网络的网状结构类似 Mesh 网络结构,网状分布连接和管理。如果按照节点功能及结构层次来分,无线传感器网络通常可分为平面网络结构、分级网络结构、混合网络结构以及 Mesh 网络结构。无线传感器节点经多跳转发,通过基站或汇聚节点或网关接入网络,在网络的任务管理节点对感应信息进行管理、分类和处理,再把感应信息送给应用用户使用。研究和开发有效、实用的无线传感器网络结构,对构建高性能的无线传感器网络十分重要,因为网络的拓扑结构严重制约无线传感器网络通信协议(如 MAC 协议和路由协议)设计的复杂度和性能的发挥。下面根据节点功能及结构层次分别加以介绍。

(一)平面网络结构

平面网络结构是无线传感器网络中最简单的一种拓扑结构,如图 3-3 所示,所有节点为对等结构,具有完全一致的功能特性,也就是说每个节点均包含相同的 MAC、路由、管理和安全等协议。这种网络拓扑结构简单,易维护,具有较好的健壮性,事实上就是一种 Ad-Hoc 网络结构形式。由于没有中心管理节点,故采用自组织协同算法形成网络,其组网算法比较复杂。

○ 传感器节点

图 3-3　无线传感器网络平面网络结构

(二)分级网络结构(也称层次网络结构)

分级网络结构是无线传感器网络中平面网络结构的一种扩展拓扑结构,如图 3-4 所示,网络分为上层和下层两个部分:上层为中心骨干节点,下层为一般传感器节点。通常,网络可能存在一个或多个骨干节点,骨干节点之间或一般传感器节点之间采用的是平面网络结构。具有汇聚功能的骨干节点和一般传感器节点之间采用的是分级网络结构。所有骨干节点为对等结构,骨干节点和一般传感器节点有不同的功能特性,也就是说每个骨干节点均包含相同的 MAC、路由、管理和安全等功能协议,而一般传感器节点可能没有路由、管理及汇聚处理等功能。这种分级网络通常以簇的形式存在,按功能分为簇首(具有汇聚功能的骨干节点:Cluster-head)和成员节点(一般传感器节点:Members)。这种网络拓扑结构扩展性好,便于集中管理,可以降低系统建设成本,提高网络覆盖率和可靠性,但是集中管理开销大,硬件成本高,一般传感器节点之间可能不能直接通信。

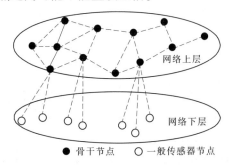

图 3-4　无线传感器网络分级网络结构

(三)混合网络结构

混合网络结构是无线传感器网络中平面网络结构和分级网络结构的一种混合拓扑结构,如图 3-5 所示。网络骨干节点之间及一般传感器节点之间都采用平面网络结构,而网络骨干节点和一般传感器节点之间采用分级网络结构。这种网络拓扑结构和分级网络结构不同的是一般传感器节点之间可以直接通信,可不需要通过汇聚骨干节点来转发数据。这种结构同分级网络结构相比较,支持的功能更加强大,但所需硬件成本更高。

(四)Mesh 网络结构

Mesh 网络结构是一种新型的无线传感器网络结构,较前面的传统无线网络拓扑结构具有一些结构和技术上的不同。从结构上来看,

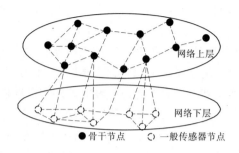

图 3-5　无线传感器网络混合网络结构

Mesh 网络是规则分布的网络,不同于完全连接的网络结构,如图 3-6 所示。通常只允许和节点最近的邻居通信,如图 3-7 所示。网络内部的节点一般都是相同的,因此 Mesh 网络也称为对等网。

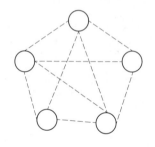

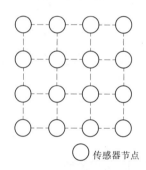

图 3-6　完全连接的网络结构　　　图 3-7　无线传感器网络 Mesh 网络结构

　　Mesh 网络是构建大规模无线传感器网络的一个很好的结构模型,特别是那些分布在一个地理区域的传感器网络,如人员或车辆安全监控系统。尽管这里反映通信拓扑的是规则结构,然而节点实际的地理分布不必是规则的 Mesh 结构形态。

　　由于通常 Mesh 网络结构节点之间存在多条路由路径,网络对于单点或单个链路故障具有较强的容错能力和鲁棒性。Mesh 网络结构最大的优点就是尽管所有节点都是对等的地位,且具有相同的计算和通信传输功能,但某个节点可被指定为簇首节点,而且可执行额外的功能。一旦簇首节点失效，另外一个节点可以立刻补充并接管原簇首那些额外执行的功能。

从技术上来看，基于 Mesh 网络结构的无线传感器具有以下特点：

(1)由无线节点构成网络。这种类型的网络节点是由一个传感器或执行器构成且连接到一个双向无线收发器上。数据和控制信号是通过无线通信的方式在网络上传输的，节点可以方便地通过电池来供电。

(2)节点按照 Mesh 拓扑结构部署。一种典型的无线 Mesh 网络拓扑，网内每个节点至少可以和一个其他节点通信，这种方式可以实现比传统的集线式或星型拓扑更好的网络连接性。此外，Mesh 网络结构还具有以下特征：自我形成，即当节点打开电源时，可以自动加入网络；自愈功能，当节点离开网络时，其余节点可以自动重新路由它们的消息或信号到网络外部的节点，以确保存在一条更加可靠的通信路径。

(3)支持多跳路由。来自一个节点的数据在其到达一个主机网关或控制器之前，可以通过多个其余节点转发。在不牺牲当前信道容量的情况下，扩展无线传感器网络的覆盖范围是无线传感器网络设计和部署的一个重要目标之一。通过 Mesh 方式的网络连接，只需短距离的通信链路，经受较少的干扰，因而可以为网络提供较高的吞吐率及较高的频谱复用效率。

(4)功耗限制和移动性取决于节点类型及应用的特点。通常基站或汇聚节点移动性较低，感应节点可能移动性较高。基站通常不受电源限制，而感应节点通常由电池供电。

(5)存在多种网络接入方式。可以通过星型、Mesh 等节点方式和其他网络集成。

在无线传感器网络实际应用中，通常根据应用需求来灵活地选择合适的网络拓扑结构。

三、无线传感器网络的应用

无线传感器网络可以包含大量的由震动、(地)磁、热量、视觉、红外、声音和雷达等多种不同类型传感器构成的网络节点，可以用于监控温度、湿度、压力、土壤构成、噪声、机械应力等多种环境条件。传感器节点可以完成连续的监测、目标发现、位置识别和执行器的本地控制等任务。作为一种无处不在的感知技术，无线传感器网络广泛应用于军事、环境、医疗、家庭和其他商用、工业领域；在空间探索和反恐、救灾等特殊的领域，它也有着得天独厚的技术优势。

(一)军事应用

无线传感器网络的相关研究最早起源于军事领域。由于其具有可快速部署、自组织、隐蔽性强和高容错性的特点，因此能够实现对敌军地形和兵力布防及装备的侦察、战场的实时监视、定位攻击目标、战场评估、核攻击和生物化学攻击的监测和搜索等功能。

(二)生态、环保、农业领域的应用

无线传感器网络因其部署简单、布置密集、低成本和无需现场维护等优点为环境科学研究的数据获取提供了方便，因而可广泛应用于气象和地理研究、自然和人为灾害(如洪水和火灾)监测，监视农作物灌溉情况、土壤空气变更、牲畜和家禽的环境状况以及大面积的地表监测；还可以通过跟踪珍稀鸟类、动物和昆虫进行濒危种群的研究等。

有研究人员把传感器节点布放在葡萄园内，测量葡萄园气候的细微变化。研究动机是：葡萄园气候的细微变化可极大地影响葡萄的质量，进而影响葡萄酒的质量，通过长年的数据记录以及相关分析，便能精确地掌握葡萄酒的质地与葡萄生长过程中的日照、温度、湿度的确切关系。这无疑是一个典型的精准农业与智能耕种的实例。

(三)医疗应用

无线传感器网络所具备的自组织、微型化和对周围区域的感知能力等特点，决定了它在检测人体生理数据、健康状况、医院药品管理以及远程医疗等方面可以发挥出色的作用，因而在医疗领域有着广阔的应用前景。

(四)家庭应用

嵌入家具和家电中的传感器与执行单元组成的无线网络与 Internet 连接在一起，能够为人们提供更加舒适、方便和具有人性化的智能家居环境。用户可以方便地对家电进行远程监控，如在下班前遥控家里的电饭锅、微波炉、电话机、录像机、电脑等家电，按照自己的意愿完

成相应的煮饭、烧菜、查收电话留言、选择电视节目以及下载网络资料等工作。

(五)工业应用

自组织、微型化和对外部世界的感知能力,决定了无线传感器网络在工业领域大有作为。它包括车辆的跟踪、机械的故障诊断、建筑物状态监测等。

将无线传感器网络和 RUD(无线射频识别标签,简称"电子标签")技术融合是实现智能交通系统的绝好途径。通过传感器节点的探测可以得到实时的交通信息,如车辆的数量、长度、道路拥塞程度等;通过车载主动式的 RFID 可以得到每辆车的精确信息,如车辆的编号、证号、车型以及车主的相关信息等。将这两个信息融合,就可以全面掌握交通信息,并根据需要查询、追踪某车辆。

在一些危险的工作环境,如煤矿、石油钻井、核电厂等,利用无线传感器网络可以探测工作现场有哪些员工,他们在做什么,以及他们的安全保障等重要信息。

在机械故障诊断方面,Intel 公司曾在芯片制造设备上安装过 200个传感器节点,用来监控设备的振动情况,并在测量结果超出规定时提供监测报告,效果非常显著。美国最大的工程建筑公司贝克特营建集团公司也已在伦敦地铁系统中采用了无线传感器网络进行监测。

(六)其他应用

在太空探索方面,借助于航天器在外星体上撒播一些传感器节点可以实现对星球表面长期的监测,这是目前最为经济可行的探测方案。美国国家航空与航天局(NASA)的 JPI 实验室正在研制的 Sensor Webs计划就是为火星探测进行技术准备,并已经在佛罗里达宇航中心周围的环境监测项目中进行测试和进一步完善。

德国某研究机构正在利用无线传感器网络技术为足球裁判研制一套辅助系统,以降低足球比赛中越位和进球的误判率。

在商务方面,传感器网络可用于物流和供应链的管理。在仓库的每件存货中安置传感器节点,管理员可以方便地查询到存货的位置和数量。在增加存货时,管理员只需在存货中安置相应的传感器节点;在日常的管理中,管理员可以在控制室实时监测每件存货的状态。

　　无线传感器网络在大型工程项目、防范大型灾害方面也有着良好的应用前景。以我国西气东输及输油管道的建设为例,由于这些管道在很多地方都要穿越大片无人烟的地区,这些地方的管道监控一直都是难题。如果无线传感器网络技术成熟,仅西气东输这样一个工程就可能节省上亿元的资金。2005 年,印度洋海啸之后,世界各国领导人在印尼雅加达举行峰会,议程的首要任务之一就是计划在印度洋构建传感器网络,以便对海底地震作出预警。

第四章 物联网通信技术

第一节 光通信技术

一、光通信与光纤通信技术概述

光通信是一种以光波为传输介质的通信方式。按光波波长,依次可分为红外线光通信、可见光通信和紫外线光通信;按光源特性,可分为激光通信和非激光通信;按传输介质,可分为有线光通信和无线光通信(也叫大气光通信)。

光纤通信属于有线光通信,是利用光波作载波,以光纤作为传输介质将信息从一处传至另一处的通信方式。1966年英籍华人高锟博士发表了一篇划时代性的论文——《光频率介质纤维表面波导》,他提出利用带有包层材料的石英玻璃光学纤维,能作为通信媒质。从此,开创了光纤通信领域的研究工作。1977年美国在芝加哥相距7 000 m的两电话局之间,首次用多模光纤成功地进行了光纤通信试验。85 μm波段的多模光纤为第一代光纤通信系统。1981年又实现了两电话局间使用1.3 μm多模光纤的通信系统,为第二代光纤通信系统。1984年实现了1.3 μm单模光纤的通信系统,即第三代光纤通信系统。20世纪80年代中后期又实现了1.55 μm单模光纤通信系统,即第四代光纤通信系统。用光波分复用技术提高速率,用光波放大增长传输距离的系统,为第五代光纤通信系统。高锟由于在光纤通信方面取得的突破性成就而荣获2009年诺贝尔物理学奖。

二、光纤通信技术的特点

(一)频带极宽,通信容量大

光纤的传输带宽比铜线或电缆大得多。对于单波长光纤通信系统,由于终端设备的限制往往发挥不出带宽大的优势,因此需要技术来增加传输的容量,密集波分复用技术就能解决这个问题。

(二)损耗低,中继距离长

目前,商品石英光纤和其他传输介质相比其损耗是最低的;如果将来使用非石英极低损耗传输介质,理论上传输的损耗还可以降到更低的水平。这就表明通过光纤通信系统可以减少系统的施工成本,带来更好的经济效益。

(三)抗电磁干扰能力强

石英有很强的抗腐蚀性,而且绝缘性好,并且它还有一个重要的特性就是抗电磁干扰的能力很强,不受外部环境的影响,也不受人为架设的电缆等干扰。这一点对于在强电领域的通信应用特别有用,而且在军事上也大有用处。

(四)无串音干扰,保密性好

在电波传输的过程中,电磁波的传播容易泄露,保密性差。而光波在光纤中传播,不会发生串扰的现象,保密性强。除以上特点外,还有光纤径细、质量轻、柔软、易于铺设,光纤的原材料资源丰富,成本低,温度稳定性好、寿命长等优点。正是因为光纤的这些优点,光纤的应用范围越来越广。

三、光纤通信技术的组成

就光纤通信技术本身而言,应包括以下几个主要部分:光纤光缆技术、光有源器件、光无源器件、光交换技术、传输技术以及光网络技术等。

(一)光纤光缆技术

光纤技术的进步可以从两个方面来说明:一是通信系统所用的光纤;二是特种光纤。早期光纤的传输窗口只有 3 个,即 850 nm(第一窗口)、1 310 nm(第二窗口)以及 1 550 nm(第三窗口)。近几年相继开发出第四窗口(L 波段)、第五窗口(全波光纤)以及 S 波段窗口。其中特别重要的是无水峰的全波窗口。这些窗口开发成功的巨大意义就在于从 1 280 nm 到 1 625 nm 的广阔的光频范围内,都能实现低损耗、低色散传输,使传输容量几百倍、几千倍甚至上万倍地增长。这一技术成果将带来巨大的经济效益。另外是特种光纤的开发及其产业化,这是一个相当活跃的领域。

(二) 光有源器件

光有源器件是光通信系统中将电信号转换成光信号或将光信号转换成电信号的关键器件,是光传输系统的心脏。将电信号转换成光信号的器件称为光源,主要有半导体发光二极管(LED)和激光二极管(LD)。将光信号转换成电信号的器件称为光检测器,主要有光电二极管(PIN)和雪崩光电二极管(APD)。光纤放大器成为光有源器件的新秀,当前大量应用的是掺铒光纤放大器(EDFA),很有应用前景的是拉曼光放大器。

(三) 光无源器件

光无源器件是不含光能源的光功能器件的总称,是光纤通信设备的重要组成部分,也是其他光纤应用领域不可缺少的元器件。具有高回波损耗、低插入损耗、高可靠性、稳定性、机械耐磨性和抗腐蚀性、易于操作等特点,广泛应用于长距离通信、区域网络及光纤到户、视频传输、光纤感测等方面。

光无源器件包括光纤连接器、光开关、光衰减器、光纤耦合器、波分复用器、光调制器、光滤波器、光隔离器、光环行器等。它们在光路中分别有连接、能量衰减、反向隔离、分路或合路、信号调制、滤波等功能。

(四) 光交换技术

光交换技术即用光纤来进行网络数据、信号传输的网络交换传输技术。随着通信网络逐渐向全光平台发展,网络的优化、路由、保护和自愈功能在光通信领域中越来越重要。采用光交换技术可以克服电子交换的容量瓶颈问题,实现网络的高速率和协议透明性,提高网络的重构灵活性和生存性,大量节省建网和网络升级成本。

目前,光交换技术可分成光的电路交换(OCS)和光分组交换(OPS)两种主要类型。光的电路交换类似于现存的电路交换技术,采用 OXC、OADM 等光器件设置光通路,中间节点不需要使用光缓存,目前对 OCS 的研究已经较为成熟。

四、光通信技术在物联网中的应用

(一)光纤传感技术在物联网感知层中的应用

光纤传感技术是伴随着光导纤维及光纤通信技术的发展而迅速发展起来的一种以光为载体、光纤为介质的传输外界信号的新型传感技术。光纤传感技术的基本原理在于光波在光纤中传播时,光波的振幅、相位、偏振态、波长等特征参量会随温度、压力、位移、电磁场、转动等外界因素的变化而变化,从而感测外界物理量的变化,光纤传感器的工作过程是将来自光源的光经过光纤送入起到传感作用的调制器,经待测物理量参数的影响(调制)后光的特征参量将发生变化,成为被调制的信号光,再经过光纤送入光电探测器,进行光电转换和解调,获得被测物理量。

光纤传感器与传统传感器相比具有更高的检测灵敏度,由于传感与传输采用的都是光信号,完全不受电磁干扰和其他辐射影响,可用于高压、高温,电磁干扰等恶劣环境,同时因光纤材质质量轻、体积小,具有很好的柔性和韧性,可以将光纤传感器根据检测需要制成任意形状。随着对光纤传感器的研究,人们发现通过对光纤光栅进行特殊处理,可制成探测各种化学物质的光纤光栅化学和生物化学传感器,这样使得光纤传感器在各行业有着广阔的应用范围。

(二)无线光通信技术在物联网感知层的应用

无线光通信技术是光通信技术和无线通信技术相结合的产物,由于光波的频率比无线电波的频率高,波长比无线电波的波长短,因此无线光通信带宽是 Wi-Fi 的 104 倍、4G 移动通信的 100 倍,信息传输速率为 10~155 Mbit/s,支持任何一种协议传输,满足短距离和长距离无线通信应用,可以解决各种业务高速接入的"最后一公里"问题。随着无线光通信技术的研究应用,未来可以在物品中嵌入含有无线路由器、通信基站、Wi-Fi 接入功能的无线光通信装置芯片,物品便具有高速无线接入的功能,无论在日常生活、工程施工场所还是在任何恶劣的环境下,只要有光源就可以通信。

无线光通信网络作为无线传感网汇聚信息的传输通道更接近物联网在任何时间、任何地点、任何人、任何物都能顺畅地通信的泛在网目标,将成为物联网所采用的主要无线通信技术之一,如 RFID 系统的读写识别通信。

(三)光纤通信技术在物联网传输层中的应用

感知层收集到的数据信息可以通过有线网络或无线网络传输到物联网的应用层处理,有线通信方式中以光纤通信技术为主,因为光纤通信网络通信容量大,不受电磁干扰,适合长距离传输,便于铺设和运输,尤其是可实现 20 THz 的宽带接入,非常适宜物联网的大数据传输要求。在一些企业,如煤炭、电力、石油和航空等系统内部建立的物联网,为确保数据传输的可靠性、稳定性和保密性,采用了光纤通信传输方式,但有线连接的方式受到线路部署和环境的限制,很难满足物联网任意时间、任意地点的接入要求。无线通信虽然接入灵活,但其有限的带宽限制了信息传输速率,所以在物联网中如何将光纤传输与无线传输相结合,最大化地利用两者的优势是物联网发展中需要探讨的一个问题。

(四)无线通信技术在物联网传输层中的应用

为保证信息应用的时效性,选择无线通信网络为物联网的网络层是实现物联网物与物、人与物、人与自然之间的任意时间、任意地点的连接和信息交换目标的重要保证。我国移动通信网的运行已高度成熟化,网络覆盖范围在全国无处不在,物联网直接利用现有的无线通信网作为传输层,使得物联网部署方便、建设成本降低,信息传输效率提高,并为移动物联网设备的开发提供良好基础。移动通信网络将是物联网最主要的接入手段。

目前 2.5 G 的窄带 GPRS 在我国已成熟运营几十年,网络可靠性高,基站覆盖范围广泛,适合物联网无处不在的网络要求,但 GPRS 数据传输速率最高值为 115 kbps。随着物联网的发展,物联网中人和物、物和物、物和机器的数据通信业务会日益增多，将大大超过目前人和人的通信业务量，而 GPRS 满足不了未来物联网所增加的物品信息数据，会造成数据传输拥堵，目前 3G 网络技术可以提供最高 2 Mbps 数据传输速率，为日益增强的物联网数据业务提供了支持和保障。4G LTE（Long Term Evolution，长期演进）技术由于采用了正交频分复和用多输入多输出等传输技术，数据传输速率最高值可达 201 Mbps，接入带宽大大增加。与 3G 相比，4G 带宽为20 MHz，是 3G 的 10 倍，4G LTE 是全数据业务，数据速率显著提高，网络更少，网络部署和维护成本降低，更适合物联网日益增长的数据传输要求，从根本上解决了信息传输的拥堵问题，同时 LTE 系统支持 IPv6 协议，可以允许容纳足够多的终端，为物联网移动终端的开发提供了可行性。

第二节 ZigBee 技术

一、ZigBee 技术概述

ZigBee 是 IEEE 802.15.4 协议的代名词，在中国被译为"紫蜂"，它与蓝牙相类似，是一种新兴的短距离、低功耗的无线通信技术。ZigBee 这一名称来源于蜜蜂的八字舞，由于蜜蜂（Bee）是靠飞翔和"嗡嗡"（Zig）地抖动翅膀的"舞蹈"来与同伴传递花粉所在方位信息，也就是说蜜蜂依靠这样的方式构成了群体中的通信网络。2002 年，ZigBee 联盟成立。

二、ZigBee 技术的特点

(一) 自动组网，网络容量大

ZigBee 网络可容纳多达 65 000 个节点，网络中的任意节点之间都可进行数据通信。网络有星状、片状和网状网络结构。在有模块加入和撤出时，网络具有自动修复功能。

(二) 网络时延短

ZigBee 的响应速度较快，一般从睡眠转入工作状态只需15 ms，节点连接进入网络只需 30 ms,进一步节省了电能。相比较,蓝牙需要 3~10 s、Wi-Fi 需要 3 s。

(三)模块功耗低,通信速率低

模块有较小的发送接收电流,支持多种睡眠模式,一个 10 Ah 的电池,在 ZigBee 水表中可使用 8 年。ZigBee 通信速度最高可达250 kbps,适合用于设备间的数据通信,不太适合用于声音、图像的传送。

(四)传输距离可扩展

ZigBee 数据传输模块类似于移动网络基站,有效距离范围内的模块自动组网,网络中的各节点可自由通信,使得通信距离从标准的 75 m 到几百米、几千米,并且支持无限扩展。

(五)成本低

ZigBee 模块工作于 2.4 G 全球免费频段,故只需要先期的模块费用,无需支付持续使用费用。

(六)可靠性好,安全性高

ZigBee 具有可靠的发送接收握手机制,可靠地保证了数据的发送接收,另 ZigBee 采用 AES 128 位密钥,保证数据发送的安全性。

三、ZigBee 协议的体系结构

ZigBee 协议标准采用传统的 OSI(Open System Interconnect)的分层结构,主要分为 4 层,即物理层(PHY)、介质接入层(MAC)、网络层和应用层。其中物理层和介质接入层由 IEEE802.15.4 工作小组制定,而网络层和应用层则由 ZigBee 联盟制定。

物理层是协议的最底层,承担着和外界进行信息交换的任务,并控制 RF 收发器工作,还定义了物理层和 MAC 子层之间的接口。

MAC 子层负责处理所有的物理无线信道访问,保证 MAC 协议数据单元在物理层数据服务中正确收发,并产生网络定位信号,所以 MAC 在日常中也被人们称为网卡地址。另外,MAC 还支持个人局域网 PAN(Personal Area Network,PAN)连接和退出,并为新加入的 PAN 提供 MAC 数据接入链接。

四、ZigBee 网络的拓扑结构

ZigBee 网络的拓扑结构主要有三种,即星型网、混合网和网状(Mesh)网。

星型网是由一个 PAN 协调点和一个或多个终端节点组成的。PAN 协调点必须是 FFD(Full Function Device,完整功能设备),它负责发起建立和管理整个网络,其他的节点(终端节点)一般为 RFD(Reduced Function Device,精简功能设备),分布在 PAN 协调点的覆盖范围内,直接与 PAN 协调点进行通信。星型网通常用于节点数量较少的场合。

Mesh 网一般由若干个 FFD 连接在一起形成,它们之间是完全的对等通信,每个节点都可以与它的无线通信范围内的其他节点通信。Mesh 网中,一般将发起建立网络的 FFD 节点作为 PAN 协调点。Mesh 网是一种高可靠性网络,具有"自恢复"能力,它可为传输的数据包提供多条路径,一旦一条路径出现故障,则存在另一条或多条路径可供选择。

Mesh 网可以通过 FFD 扩展网络,组成 Mesh 网与星型网构成的混合网。混合网中,终端节点采集的信息首先传到同一子网内的协调点,再通过网关节点上传到上一层网络的 PAN 协调点。混合网适用于覆盖范围较大的网络。

五、ZigBee 组网技术

在 ZigBee 中,只有 PAN 协调点可以建立一个新的 ZigBee 网络。当 ZigBee PAN 协调点希望建立一个新网络时,首先扫描信道,寻找网络中的一个空闲信道来建立新的网络。如果找到了合适的信道,ZigBee协调点会为新网络选择一个 PAN 标识符(PAN 标识符是用来标识整个网络的,因此所选的 PAN 标识符必须在信道中是唯一的)。一旦选定了 PAN 标识符,就说明已经建立了网络。此后,如果另一个 ZigBee 协调点扫描该信道,这个网络的协调点就会响应并声明它的存在。另外,这个 ZigBee 协调点还会为自己选择一个 16 bit 网络地址。

ZigBee 网络中的所有节点都有一个 64 bit IEEE 扩展地址和一个 16 bit 网络地址,其中,16 bit 的网络地址在整个网络中是唯一的,也就是 802.15.4 中的 MAC 短地址。

　　ZigBee 协调点选定了网络地址后,就开始接受新的节点加入其网络。当一个节点希望加入该网络时,它首先会通过信道扫描来搜索其周围存在的网络,如果找到了一个网络,它就会进行关联过程加入网络,只有具备路由功能的节点可以允许别的节点通过它关联网络。如果网络中的一个节点与网络失去联系后想要重新加入网络,它可以进行孤立通知过程重新加入网络。网络中每个具备路由器功能的节点都维护一个路由表和一个路由发现表,它可以参与数据包的转发、路由发现和路由维护,以及关联其他节点来扩展网络。

六、ZigBee 的应用

　　ZigBee 技术主要应用在数据传输速率不高的短距离设备之间,因此非常适用于家电和小型电子设备的无线数据传输。其典型的传输数据类型有周期性数据、间歇性数据和反复低响应时间数据。今后在诸多领域均可看到 ZigBee 的身影。

(一)智能家庭和楼宇自动化

　　通过 ZigBee 网络,可以远程控制家里的电器、门窗等;可以方便地实现水、电、气三表的远程自动抄表;通过一个 ZigBee 遥控器,可以控制所有的家电节点。可以利用支持 ZigBee 的芯片安装在家庭里面的电灯开关、烟火检测器、抄表系统、无线报警、安保系统等,为实现远程控制服务。

(二)在消费和家用自动化市场

　　在未来的消费和家用自动化市场,可以利用 ZigBee 网络来联网电视、录像机、无线耳机、PC 外设、运动与休闲器械、儿童玩具、游戏机、窗户和窗帘及其他家用电器等,实现远程控制服务。

(三)工业自动化领域

　　在工业自动化领域,利用传感器和 ZigBee 网络,自动采集、分析和处理数据变得更加容易。此外,ZigBee 可以作为决策辅助系统,如危险化学成分检测、火警的早期检测和预报、高速旋转机器的检测和维护等。

(四)医疗监控

在医疗监控等领域,借助于各种传感器和 ZigBee 网络,医务工作者可以准确、实时地监测病人的血压、体温和心跳速度等信息,从而减轻其工作负担,特别是对重病和病危患者的监护治疗。

(五)农业领域

在农业领域,由于传统农业主要使用孤立的、没有通信能力的机械设备,主要依靠人为监测作物的生长状况。采用了传感器和 ZigBee 网络后,农业领域将可以逐渐地向以信息和软件为中心的生产模式,使用更多的自动化、网络化、智能化和远程控制的设备实施管理的方式过渡。

第三节 WLAN 技术

一、WLAN 技术概述

WLAN(Wireless Local Area Networks,无线局域网络)是利用无线通信技术在一定的局部范围内建立的网络,是计算机网络与无线通信技术相结合的产物,它以无线多址信道作为传输媒介,提供传统有线局域网 LAN(Local Area Network)的功能,能够使用户真正实现随时、随地、随意的宽带网络接入。WLAN 开始是作为有线局域网络的延伸而存在的,各团体、企事业单位广泛地采用了 WLAN 技术来构建其办公网络。但随着应用的进一步发展,WLAN 正逐渐从传统意义上的局域网技术发展成为"公共无线局域网",成为国际互联网 Internet 宽带接入手段。WLAN 具有易安装、易扩展、易管理、易维护、高移动性、保密性强、抗干扰等特点。

二、WLAN 标准

由于 WLAN 是基于计算机网络与无线通信技术,在计算机网络结构中,逻辑链路控制(LLC)层及其之上的应用层对不同的物理层的要求可以是相同的,也可以是不同的,因此 WLAN 标准主要是针对物理层和媒体访问控制层(MAC,Media Access Control),涉及所使用的无线频率范围、空中接口通信协议等技术规范与技术标准。

(一)IEEE802.11X

1.IEEE802.11

1990 年,IEEE802 标准化委员会成立 IEEE802.11WLAN 标准工作组。IEEE802.11(别名:Wi-Fi(Wireless-Fidelity)无线保真)是在 1997 年 6 月由大量的局域网以及计算机专家审定通过的标准,该标准定义物理层和媒体访问控制层(MAC)规范。物理层定义了数据传输的信号特征和调制,定义了两个 RF 传输方法和一个红外线传输方法,RF 传输标准是跳频扩频和直接序列扩频,工作在 2.4~2.483 5 GHz 频段。IEEE802.11 是 IEEE 最初制定的一个无线局域网标准,主要用于解决办公室局域网和校园网中用户与用户终端的无线接入,业务主要限于数据访问,速率最高只能达到 2 Mbps。由于它在速率和传输距离上都不能满足人们的需要,所以 IEEE802.11 标准被 IEEE802.11b 取代了。

2.IEEE802.11b

1999 年 9 月 IEEE802.11b 被正式批准,该标准规定 WLAN 工作频段在 2.4~2.483 5 GHz,数据传输速率达到 11 Mbps,传输距离控制在 50~150 ft(1 ft=0.304 8 m)。该标准是对 IEEE802.11 的一个补充,采用补偿编码键控调制方式,采用点对点模式和基本模式两个运作模式,在数据传输速率方面可以根据实际情况在 11 Mbps、5.5 Mbps、2 Mbps、1 Mbps 的不同速率间自动切换,它改变了 WLAN 的设计状况,扩大了 WLAN 的应用领域。IEEE802.11b 已成为当前主流的 WLAN 标准,被多数厂商采用,所推出的产品广泛应用于办公室、家庭、宾馆、车站、机场等众多场合,但是由于许多 WLAN 的新标准的出现,IEEE802.11a 和 IEEE802.11g 更是倍受业界关注。

3.IEEE802.11a

1999 年,IEEE802.11a 标准制定完成,该标准规定 WLAN 工作频段在 5.15~8.825 GHz,数据传输速率达到 54 Mbps/72 Mbps(Turbo),

传输距离控制在 10~100 m。该标准也是 IEEE802.11 的一个补充,扩充了标准的物理层,采用正交频分复用(OFDM)的独特扩频技术,采用 QFSK 调制方式,可提供 25 Mbps 的无线 ATM 接口和 10 Mbps 的以太网无线帧结构接口,支持多种业务如话音、数据和图像等,一个扇区可以接入多个用户,每个用户可带多个用户终端。IEEE802.11a 标准是 IEEE802.11b 的后续标准,其设计初衷是取代 IEEE802.11b 标准,然而,工作于 2.4 GHz 频段是不需要执照的,该频段属于工业、教育、医疗等专用频段,是公开的,而工作于 5.15~8.825 GHz 频段是需要执照的。一些公司仍没有表示对 IEEE802.11a 标准的支持,一些公司更加看好最新混合标准——IEEE802.11g。

4.IEEE802.11g

目前,IEEE 推出最新版本 IEEE802.11g 认证标准,该标准提出拥有 IEEE802.11a 的传输速率,安全性较 IEEE802.11b 好,采用 2 种调制方式,含 802.11a 中采用的 OFDM 与 IEEE802.11b 中采用的 CCK(Complementary Code Keying, 补码键控调制),做到与 IEEE802.11a 和 IEEE802.11b 兼容。虽然 IEEE802.11a 较适用于企业,但 WLAN 运营商为了兼顾现有 IEEE802.11b 设备投资,选用 IEEE802.11g 的可能性极大。

5.IEEE802.11i

IEEE802.11i 标准是结合 IEEE802.1X 中的用户端口身份验证和设备验证,对 WLAN MAC 层进行修改与整合,定义了严格的加密格式和鉴权机制,以改善 WLAN 的安全性。IEEE802.11i 新修订标准主要包括两项内容:"Wi-Fi 保护访问"(Wi-Fi Protected Access:WPA)技术和"强健安全网络"(RSN)。Wi-Fi 联盟计划采用 IEEE802.11i 标准作为 WPA 的第 2 个版本,并于 2004 年初开始实行。IEEE802.11i 标准在 WLAN 网络建设中是相当重要的,数据的安全性是 WLAN 设备制造商和 WLAN 网络运营商应该首先考虑的头等工作。

6.IEEE802.11e/f/h

IEEE802.11e 标准对 WLAN MAC 层协议提出改进,以支持多媒体传输,和所有 WLAN 无线广播接口的服务质量保证 QoS 机制。

IEEE802.11f 定义访问节点之间的通信,支持 IEEE802.11 的接入点互操作协议(IAPP)。IEEE802.11h 用于 802.11a 的频谱管理技术。

(二)HiperLAN

欧洲电信标准化协会(ETSI)的宽带无线电接入网络(BRAN)小组着手制定 Hiper(High Performance Radio)接入泛欧标准,已推出 HiperLAN1 和 HiperLAN2。HiperLAN1 推出时,数据速率较低,没有被人们重视。在 2000 年,HiperLAN2 标准制定完成,HiperLAN2 标准的最高数据速率能达到 54 Mbps,HiperLAN2 标准详细定义了 WLAN 的检测功能和转换信令,用以支持许多无线网络,支持动态频率选择、无线信元转换、链路自适应、多束天线和功率控制等。该标准在 WLAN 性能、安全性、服务质量 QoS 等方面也给出了一些定义。HiperLAN1 对应 1EEE802.11b,HiperLAN2 与 1EEE802.11a 具有相同的物理层,它们可以采用相同的部件,并且 HiperLAN2 强调与 3G 整合。HiperLAN2 标准也是目前较完善的 WLAN 协议。

(三)HomeRF

HomeRF 工作组隶属于美国家用射频委员会,成立于 1997 年,其主要工作任务是为家庭用户建立具有互操作性的语音和数据通信网,2001 年 8 月推出 HomeRF2.0 版,集成了语音和数据传送技术,工作频段在 10 GHz,数据传输速率达到 10 Mbps,在 WLAN 的安全性方面主要考虑访问控制和加密技术。HomeRF 是针对现有无线通信标准的综合和改进:当进行数据通信时,采用 IEEE802.11 规范中的 TCP/IP 传输协议;当进行语音通信时,则采用数字增强型无绳通信标准。除 IEEE802.11 委员会、欧洲电信标准化协会和美国家用射频委员会外,无线局域网联盟 WLANA(Wireless LAN Association)在 WLAN 的技术支持和实施方面也做了大量工作。WLANA 是由无线局域网厂商建立的非营利性组织,由 3Com、Aironet、Cisco、Intersil、Lucent、Nokia、Symbol 和中兴通信等厂商组成,其主要工作是验证不同厂商的同类产品的兼容性,并对 WLAN 产品的用户进行培训等。

(四)中国 WLAN 规范

中华人民共和国工业和信息化部正在制定 WLAN 的行业配套标

准,包括《公众无线局域网总体技术要求》和《公众无线局域网设备测试规范》。该标准涉及的技术体制包括 IEEE802.11X 系列（IEEE802.11、IEEE802.11a、IEEE802.11b、IEEE802.11g、IEEE802.11h、IEEE802.11i）和 HiperLAN2。信息产业部通信计量中心承担了相关标准的制定工作,并联合设备制造商和国内运营商进行了大量的试验工作,同时,信息产业部通信计量中心和中兴通信股份有限公司等联合建成了 WLAN 的试验平台,对 WLAN 系统设备的各项性能指标、兼容性和安全可靠性等方面进行全方位的测评。

此外,由信息产业部科技公司批准成立的"中国宽带无线 IP 标准工作组(www.china bwips.org)"在移动无线 IP 接入、IP 的移动性、移动 IP 的安全性、移动 IP 业务等方面进行标准化工作。2003 年 5 月,国家颁布了首批由"中国宽带无线 IP 标准工作组"负责起草的 WLAN 两项国家标准:《信息技术　系统间远程通信和信息交换局域网和城域网　特定要求　第 11 部分:无线局域网媒体访问(MAC)和物理(PHY)层规范》(GB 15629.11—2003)和《信息技术　系统间远程通信和信息交换局域网和城域网　特定要求　第 11 部分:无线局域网媒体访问(MAC)和物理(PHY)层规范:2.4 GHz 频段较高速物理层扩展规范》(GB 15629.1102—2003)。这两项国家标准所采用的依据是 ISO/IEC8802.11 和 ISO/IEC8802.11b,两项国家标准的发布将规范 WLAN 产品在我国的应用。

三、WLAN 的组网架构

目前比较成熟的商业化产品基本上支持 IEEE802.11a/b/g 标准,基于该标准的 WLAN 产品很多。由于 IEEE802.11a 标准的工作频段在 5.15~8.825 GHz,而 IEEE802.11b/g 标准的工作频段在 2.4~2.483 5 GHz,所以带来双频的问题。由于 IEEE802.11g 拥有 IEEE802.11a 的传输速率,安全性较 IEEE802.11b 高,并且可以兼容 IEEE802.11b,对已经部署 WLAN 的运营商而言,为了保护投资,其更加倾向于 IEEE802.11g。但是现在大多数产品能够兼容 IEEE802.11a/b/g 标准。

WLAN 产品从组网架构的角度来分析,有以下两种模式。

（一）胖 AP 架构

在自治架构中，AP 完全部署和端接 802.11 功能。它可以作为网络中的一个单独节点，起到交换机或者路由器的作用。

（二）瘦 AP 架构

瘦 AP 架构通常又将其称为"智能天线"，它们的主要功能是接收和发送无线流量。它们会将无线数据帧送回到控制器，然后对这些数据帧进行处理，再接入有线网络。

四、WLAN 的典型应用

（一）数字家庭

一般将设备隐蔽安装在客厅吊顶的某个位置，向下覆盖客厅、书房、卧室、阳台等；主人可随意在居室的任何位置移动上网，享受现在居室的"无限自由"。

（二）无线社区

采用室外型大功率设备从居民楼的外部做无线覆盖，对于多层居住楼，一般在楼顶或侧高面架设一台室外型 AP 即可完全覆盖，也可把设备架设在对面的楼中，将天线方向对准本楼，有时效果会更好。对于高层楼，根据具体高度决定安装设备的数量。所有的室外型 AP 通过小区交换机汇聚后，通过小区出口的宽带设备接入运营商或 ISP 的宽带网。也可以在以太网汇聚以后，采用室外远距离无线网桥将数据传输到有宽带网络的接入点或汇聚点。

（三）移动办公

可以采用 WLAN 室外型大功率设备，从商业楼宇的外部做覆盖，设备一般设置于楼的顶部，对于高层建筑，可以采用支架在楼的侧面和顶部架设 2 台以上设备以实现整栋楼的覆盖；也可以采用 WLAN 室内型商用设备，从商业楼宇的内部根据各企业的需求不同做针对性的覆盖，一般多个会议室或办公室可共用一台商用型 AP 覆盖。

（四）无线商旅

采用 WLAN 室内型商用 AP W800A，有如下几种方式，根据现场实际情况采用：

AP 部署在酒店房间天花板上,天花板下吊装圆形吸顶天线,天花板内 AP 与吸顶天线以短距离馈线相连,WLAN 无线信号在吸顶天线上收发。1 个房间配置 1 套 AP 和吸顶天线。

AP 部署在房间走廊天花板内,无线信号穿透走廊天花板、房间门或墙壁到达房间,用户感觉不到 AP 的存在,走廊上每隔 2~4 间房分别布置 1 个 AP,每层的 AP 数据汇聚到楼层交换机。

酒店如果有 PHS、3G 室内天线分布系统,商用 AP W800A 不配天线,AP 射频口通过馈线接到室内天线分布系统合路器上,WLAN 无线信号因为频段不同,可以与 PHS、3G 共用室内分布系统进行覆盖。

在酒店大堂、咖啡厅等公共场所,商用 AP W800A 配自带花瓣角稍大的定向天线,进行覆盖。

(五)无线校园

对于新建立的私立学校、大学分校等,为了解决快速接入网络的问题,可以直接采用 WLAN 的室外型大功率 AP W640A 进行室外覆盖;对于已有布线的学校,为了进一步扩大网络覆盖范围、实现校园的无缝覆盖、提供更高的带宽等,可以在现有的基础上采用室内型 AP 设备,做现有有线网络的补充覆盖;对于需要快速互联的建筑物,如图书馆与教学楼、实验室与教学楼、学生宿舍与教学楼等,可以采用室外无线网桥做互联,方便师生之间及时进行交流沟通。

(六)农业信息采集

农场通常是地多建筑少,采用有线网络必然造成巨大浪费,且不易移动,利用无线网络建好基站,就可以在农场里任何地方通过手提电脑随意上网,摆脱了空间的约束,节约了成本。美国的大农场主在农业技术人员的指导下,用 GPS 取样器把田块按坐标分格取样,约 $0.572 \ hm^2$ 取一份土壤样品,分析各取土单元格(田间操作单元)内土壤理化性状和大、中、微量养分含量,并应用 GPS 和 GIS 技术做成该地块的地形图、土壤图和各年的土壤养分图等。在收割机上装 GPS 接收器和产量测定仪,在收获的时间每隔 1.2 s GPS 定位一次,同时记录当时的产量,用 GIS 做成当季产量图,用来分析、参考以及决策。我国无线信息采集方面也已经做了大量的研究,江苏大学的王艳玲、李正明研究了基于

GPRS 技术的农田信息远程监测系统,实现了农田信息的精确定位采集和无线 GPRS 传输。南京大学的王益祥、吴林等研究了基于无线传感器网络的微灌监控系统。还有大量科研人员在研究无线农田信息采集系统,并且国家对无线信息采集的支持力度也很大,北京小汤山农业示范基地就是一个很好的例子,内部已经实现了农田信息的远程采集和远程灌溉等。

(七)无线智能农业机械

日本是研究农业机器人最早的国家之一,早在 20 世纪 70 年代后期,随着工业机器人的发展,对农业机器人的研究工作逐渐启动,已研制出多种农业生产机器人,如番茄收获机器人是利用机器人上的红外传感器和设置在地头土埂的反射板实现控制的,并包括机械手、末端执行器、视觉传感器、移动机构和控制部分。用彩色摄像机作为视觉传感器寻找和识别成熟果实,能在田间自动行走,可检测是否到达土埂,到达后自动停止,转动后再继续前进。该番茄采摘机器人从识别到采摘完成的速度大约为 15 s/个,成功率在 70% 左右,成熟番茄未采摘的主要原因是其位置处于叶茎相对茂密的地方。美、英等发达国家的研究者建立的基于无线网络的通信系统,可将农场内的机器,如棉花采摘机、喷灌机、变量施肥机和个人通信设备与基站相连,通过无线通信网络为这些机械提供农田信息和操作指导。

第四节　蓝牙技术

一、蓝牙技术概述

蓝牙(Bluetooth)技术是一种以低成本的近距离无线传输为基础,为固定与移动设备通信环境建立一个特别连接的无线数据与语音通信的开放性全球规范。其主要目标是提供一个全世界通行的无线传输环境,通过无线电波来实现所有移动设备之间的信息传输服务,实现固定设备、移动设备和楼宇个人局域网之间的短距离数据交换。

蓝牙技术最初由爱立信创制(1994 年),发明者希望为设备间的通信创造一组统一规则(标准化协议),以解决用户间互不兼容的移动电子设备的数据交换问题。1999 年,索尼爱立信、国际商业机器、英特尔、诺基亚及东芝公司等业界龙头创立"特别兴趣小组"(Special Interest Group,SIG),即蓝牙技术联盟的前身,目标是开发一个成本低、效益高、可以在短距离范围内随意无线连接的蓝牙技术标准。

1998 年蓝牙推出 0.7 规格,支持 Baseband 与 LMP(Link Manager Protocol)通信协定两部分。1999 年先后推出 0.8 版、0.9 版、1.0 Draft 版、1.0a 版、1.0B 版。1.0 Draft 版,完成 SDP(Service Discovery Protocol)协定、TCS(Telephony Control Specification)协定。1999 年 7 月 26 日正式公布 1.0 版,确定使用 2.4 GHz 频谱,最高资料传输速度为 1 Mbps,同时开始了大规模宣传。和当时流行的红外线技术相比,蓝牙有着更高的传输速度,而且不需要像红外线那样进行接口对接口的连接,所有蓝牙设备基本上只要在有效通信范围内使用,就可以进行随时连接。

当 1.0 规格推出以后,蓝牙并未立即得到广泛的应用,除了当时对应蓝牙功能的电子设备种类少,蓝牙装置也十分昂贵。2001 年的 1.1 版正式列入 IEEE 标准,Bluetooth 1.1 即为 IEEE 802.15.1。同年,SIG 成员公司超过 2 000 家。过了几年之后,采用蓝牙技术的电子装置如雨后春笋般增加,售价也大幅回落。为了扩宽蓝牙的应用层面和传输速度,SIG 先后推出了 1.2 版、2.0 版,以及其他附加新功能,例如 EDR(Enhanced Data Rate,配合 2.0 的技术标准,将最大传输速度提高到 3 Mbps)、A2DP(Advanced Audio Distribution Profile,一个控音轨分配技术,主要应用于立体声耳机)、AVRCP(A/V Remote Control Profile)等。Bluetooth 2.0 将传输率提升至 2 Mbps、3 Mbps,远大于 1.x 版的 1 Mbps(实际约 723.2 kbps)。

蓝牙(Bluetooth)的名称取自古代丹麦维京国王 Harald Blaatand 的名字,他以统一了因宗教战争和领土争议而分裂的挪威与丹麦而闻名于世,其名字的英文字面意义即 Harald Bluetooth。以"蓝牙"为名的想法最初是 Jim Kardach 于 1997 年提出的,Kardach 开发了能够允许移动电话与计算机通信的系统。他的灵感来自于当时他正在阅读的一本由

Frans G. Bengtsson 撰写的描写北欧海盗和 Harald Bluetooth 国王的历史小说"The Long Ships",意指蓝牙也将把通信协议统一为全球标准。

二、蓝牙技术的特点

(一)全球范围适用

蓝牙工作在 2.4 GHz 的 ISM 频段,全球大多数国家 ISM 频段的范围是 2.4~2.483 5 GHz,使用该频段无需向各国的无线电资源管理部门申请许可证。

(二)同时可传输语音和数据

蓝牙采用电路交换和分组交换技术,支持异步数据信道、三路语音信道以及异步数据与同步语音同时传输的信道。每个语音信道数据速率为 64 kbit/s,语音信号编码采用脉冲编码调制(PCM)或连续可变斜率增量调制(CVSD)方法。当采用非对称信道传输数据时,速率最高为 721 kbit/s,反向为 57.6 kbit/s;当采用对称信道传输数据时,速率最高为 342.6 kbit/s。蓝牙有两种链路类型:异步无连接(Asynchronous Connection-Less,ACL)链路和同步面向连接(Synchronous Connection-Oriented,SCO)链路。

(三)可以建立临时性的对等连接

根据蓝牙设备在网络中的角色,可分为主设备(Master)与从设备(Slave)。主设备是组网连接主动发起连接请求的蓝牙设备,几个蓝牙设备连接成一个皮网(Piconet)时,其中只有一个主设备,其余的均为从设备。皮网是蓝牙最基本的一种网络形式,最简单的皮网是一个主设备和一个从设备组成的点对点的通信连接。

通过时分复用技术,一个蓝牙设备便可以同时与几个不同的皮网保持同步,具体来说,就是该设备按照一定的时间顺序参与不同的皮网,即某一时刻参与某一个皮网,而下一时刻参与另一个皮网。

(四)具有很好的抗干扰能力

工作在 ISM 频段的无线电设备有很多种,如家用微波炉、无线局域网(Wireless Local Area Networks,WLAN)和 HomeRF 等产品,为了很好地抵抗来自这些设备的干扰,蓝牙采用了跳频(Frequency Hopping)

方式来扩展频谱(Spread Spectrum),将 2.402~2.48 GHz 频段分成 79个频点,相邻频点间隔 1 MHz。蓝牙设备在某个频点发送数据之后,再跳到另一个频点发送,而频点的排列顺序则是伪随机的,每秒钟频率改变 1 600 次,每个频率持续625 μs。

(五)蓝牙模块体积很小,便于集成

由于个人移动设备的体积较小,嵌入其内部的蓝牙模块体积就应该更小,如爱立信公司的蓝牙模块 ROK101008 的外形尺寸仅为 32.8 mm×16.8 mm×2.95 mm。

(六)低功耗

蓝牙设备在通信连接(Connection)状态下,有四种工作模式,即激活(Active)模式、呼吸(Sniff)模式、保持(Hold)模式和休眠(Park)模式。Active 模式是正常的工作状态,另外三种模式是为了节能所规定的低功耗模式。

(七)开放的接口标准

SIG 为了推广蓝牙技术的使用,将蓝牙的技术标准全部公开,全世界范围内的任何单位和个人都可以进行蓝牙产品的开发,只要最终通过 SIG 的蓝牙产品兼容性测试,就可以推向市场。

(八)成本低

随着市场需求的扩大,各个供应商纷纷推出自己的蓝牙芯片和模块,蓝牙产品价格飞速下降。

三、蓝牙系统的组成

蓝牙系统一般由天线单元、链路控制(固件)单元、链路管理(软件)单元和蓝牙软件(协议栈)单元四个功能单元组成。

(一)天线单元

蓝牙要求其天线部分体积十分小巧、质量轻,因此蓝牙天线属于微带天线。蓝牙空中接口是建立在天线电平为 0 dB 的基础上的。

(二)链路控制(固件)单元

在目前蓝牙产品中,人们使用了 3 个 IC 分别作为联接控制器、基带处理器以及射频传输/接收器,此外还使用了 30~50 个单独调谐元

件。基带链路控制器负责处理基带协议和其他一些低层常规协议。

(三)链路管理(软件)单元

链路管理(LM)软件模块携带了链路的数据设置、鉴权、链路硬件配置和其他一些协议。LM 能够发现其他远端 LM 并通过 LMP(链路管理协议)与之通信。

(四)蓝牙软件(协议栈)单元

蓝牙软件(协议栈)单元是一个独立的操作系统,不与任何操作系统捆绑。它必须符合已经制定好的蓝牙规范。蓝牙规范是为个人区域内的无线通信制定的协议,它包括两部分:第一部分为核心部分,用以规定诸如射频、基带、连接管理、业务搜寻、传输层以及与不同通信协议间的互用、互操作性等组件;第二部分为协议子集部分,用以规定不同蓝牙应用(也称使用模式)所需的协议和过程。

蓝牙规范的协议栈仍采用分层结构,分别完成数据流的过滤和传输、跳频和数据帧传输、连接的建立和释放、链路的控制、数据的拆装、业务质量、协议的复用和分用等功能。在设计协议栈,特别是高层协议时的原则就是最大限度地重用现存的协议,而且其高层应用协议(协议栈的垂直层)都使用公共的数据链路和物理层。蓝牙协议可以分为 4 层,即核心协议层、电缆替代协议层、电话控制协议层和采纳的其他协议层。

四、蓝牙中的主要技术

蓝牙技术是一种无线数据与语音通信的开放性全球规范,它以低成本的近距离无线连接为基础,为固定与移动设备通信环境建立一个特别连接的短程无线电技术。其实质内容是要建立通用的无线电空中接口及其控制软件的公开标准,使通信和计算机进一步结合,使不同厂家生产的便携式设备在没有电线或电缆相互连接的情况下,能在近距离范围内具有互用、互操作的性能。

蓝牙技术的作用是简化小型网络设备(如移动 PC、掌上电脑、手机)之间以及这些设备与 Internet 之间的通信,免除在无绳电话或移动电话、调制解调器、头套式送/受话器、PDA、计算机、打印机、幻灯机、局域网等之间加装电线、电缆和连接器。此外,蓝牙无线技术还为已存在的数字网络和外设提供通用接口以组建一个远离固定网络的个人特别连接设备群。

蓝牙的载频选用在全球都可用的 2.45 GHz 工业、科学、医学(ISM)频带,其收发信机采用跳频扩谱技术,在 2.45 GHz ISM 频带上以 1 600 跳/s 的速率进行跳频。依据各国的具体情况,以 2.45 GHz 为中心频率,最多可以得到 79 个 1 MHz 带宽的信道。在发射带宽为 1 MHz 时,其有效数据速率为 721 kbit/s,并采用低功率时分复用方式发射,适合 30 ft(约 9 m)范围内的通信。数据包在某个载频上的某个时隙内传递,不同类型的数据(包括链路管理和控制消息)占用不同信道,并通过查询和寻呼过程来同步跳频频率和不同蓝牙设备的时钟。除采用跳频扩谱的低功率传输外,蓝牙还采用鉴权和加密等措施来提高通信的安全性。

蓝牙支持点到点和点到多点的连接,可采用无线方式将若干蓝牙设备连成一个微微网,多个微微网又可互联成特殊分散网,形成灵活的多重微微网的拓扑结构,从而实现各类设备之间的快速通信。它能在一个微微网内寻址 8 个设备(实际上互联的设备数量是没有限制的,只不过在同一时刻只能激活 8 个,其中 1 个为主、7 个为从)。

蓝牙技术涉及一系列软硬件技术、方法和理论,包括无线通信与网络技术,软件工程、软件可靠性理论,协议的正确性验证、形式化描述和一致性与互联测试技术,嵌入式实时操作系统,跨平台开发和用户界面图形化技术,软硬件接口技术(如 RS232、UART、USB 等),高集成、低功耗芯片技术等。

五、蓝牙技术的应用

(一)蓝牙可以为局域设备提供互联

在一个 Piconet 中,蓝牙能够对 8 个接收器进行同步互联。使用蓝牙技术通信的设备可以发送和接收 1 Mbit/s 的数据。但是实际上当允许多个应用设备进行同步通信时,数据传输率会在某种程度上降低。目前不在 Piconet 中的蓝牙设备,将持续听从其他蓝牙设备的动向,当它们足够接近成为 Piconet 的一部分时,它们将确定属于各自的部分,如果需要,其他的设备可以与其通信。

(二)支持多媒体终端

3G 终端将提供接口接入许多不同格式的信息和通信,例如 WEB 浏览、电子邮件传输和接收。视频和语音,使它们成为真正的多媒体终端。语音仍是通信的主要形式,在蓝牙规范中已经意识到这一点,并对此提供特别支持,支持 64 kbit/s 的高质量演说信道。随着支持分组包数据和演说的能力不断提高(如果需要可以同时进行),蓝牙可以为这些多媒体应用提供完全的局域支持。蓝牙收发器可以支持多个数据连接并可同时达到 3 个语音连接,为 3 个手持无绳多媒体/互联系统提供完全的功能性。

(三)家庭网络

在一个典型的家庭中,有各种形式的娱乐设备(如电视/VCR. Hi-Fi),不同来源的主题信息(如报纸、杂志)和厨房中的功能性设备(如烤炉、微波炉、冰箱/冰柜、中央暖气系统)。虽然这些项目组目前没有办法相互连接,可以设想将其与蓝牙设备组成宽松的连接,不管这些设备在哪里,它的控制和接入将成为用户的核心。设想一个简单的数据便签簿,与 PDA(Personal Digital Assistant,掌上电脑)或智能电话类似,通过蓝牙收发器轻触屏幕,即可实现对所有家电设备的管理和控制。它轻巧、便捷,带有高级像素驱动菜单,操作简单。无线红外遥控的应用将成为过去,PDA 将控制所有的娱乐设备。

第五节　3G 技术

一、3G 技术的概念

3G(The Third Generation ,3G)是指支持高速数据传输的蜂窝移动通信技术,是无线通信与国际互联网等多媒体通信结合的新一代移动通信系统。3G 技术是在第一代模拟制式手机(1G)和第二代 GSM、TD-MA 等数字手机(2G)的基础上发展起来的第三代移动通信技术,3G 服务能够同时传送声音及数据信息,速率一般在几百 kbps 以上。

二、3G 技术的起源与发展

1940 年,美国女演员海蒂·拉玛和她的作曲家丈夫乔治·安塞尔提出一个 Spectrum(频谱)的技术概念,这个被称为展布频谱技术(也称码分扩频技术)的技术理论在此后给我们这个世界带来了不可思议的变化,就是这个技术理论最终演变成我们今天的 3G 技术,展布频谱技术就是 3G 技术的根本基础原理。海蒂·拉玛最初研究展布频谱技术是为帮助美国军方制造出能够对付纳粹德国的电波干扰或防窃听的军事通信系统,因此这个技术最初的作用是用于军事。二战结束后因为暂时失去了价值,美国军方封存了这项技术,但它的概念已使很多国家对此产生了兴趣,多国在 20 世纪 60 年代都对此技术展开了研究,但进展不大。直到 1985 年,在美国的圣迭戈成立了一个名为高通的小公司(现成为世界五百强),这个公司利用美国军方解禁的展布频谱技术开发出一个被命名为 CDMA 的新通信技术,就是这个 CDMA 技术直接导致了 3G 的诞生。世界 3G 技术的 3 大标准:美国 CDMA2000、欧洲 WCDMA、中国 TD-SCDMA,都是在 CDMA 的技术基础上开发出来的,CDMA 就是 3G 的根本基础原理,而展布频谱技术就是 CDMA 的基础原理。

1995 年问世的第一代模拟制式手机(1G)只能进行语音通话。1996~1997 年出现的第二代 GSM、TDMA 等数字制式手机(2G)便增加了接收数据的功能,如接收电子邮件或网页。

2008 年 5 月,国际电信联盟正式公布第三代移动通信标准,中国提交的 TD-SCDMA 正式成为国际标准,与欧洲 WCDMA、美国 CD-MA2000 成为 3G 时代最主流的三大技术之一。

作为一项新兴技术,CDMA、CDMA2000 正迅速风靡全球并已占据 20% 的无线市场。截至 2012 年,全球 CDMA2000 用户已超过 2.56 亿,遍布 70 个国家的 156 家运营商已经商用 3G CDMA 业务。包含高通授权 LICENSE 的安可信通信技术有限公司在内全球有数十家 OEM 厂商推出 EVDO 移动智能终端。2002 年,美国高通公司芯片销售创历史佳绩;1994 年至今,美国高通公司已向全球包括中国在内的众多制造商提供了累计超过 75 亿多枚芯片。3G 也就是在这个大背景下诞生的。

三、3G 技术标准

目前,国际电信联盟接受的 3G 技术标准主要有以下三种:WCD-MA、CDMA2000 与 TD-SCDMA。CDMA 是 Code Division Multiple Access(码分多址)的缩写,是第三代移动通信系统的技术基础。第一代移动通信系统采用频分多址(FDMA)的模拟调制方式,这种系统的主要缺点是频谱利用率低,信令干扰语音业务。第二代移动通信系统主要采用时分多址(TDMA)的数字调制方式,提高了系统容量,并采用独立信道传送信令,使系统性能大为改善,但 TDMA 的系统容量仍然有限,越区切换性能仍不完善。CDMA 系统以其频率规划简单、系统容量大、频率复用系数高、抗多径能力强、通信质量好、软容量、软切换等特点显示出巨大的发展潜力。

(一)3G 三大主流技术标准

1.WCDMA

WCDMA 全称为 Wideband CDMA,这是基于 GSM 网发展出来的 3G 技术规范,是欧洲提出的宽带 CDMA 技术,它与日本提出的宽带 CDMA 技术基本相同,目前正在进一步融合。该标准提出了 GSM(2G)—GPRS—EDGE—WCDMA(3G)的演进策略。GPRS 是 General Packet Radio Service(通用分组无线业务)的简称,EDGE 是 Enhanced Data rate for GSM Evolution(增强数据速率的 GSM 演进)的简称,这两种技术被称为 2.5 代移动通信技术。中国移动采用这一方案向 3G 过渡,并已将原有的 GSM 网络升级为 GPRS 网络。

2.CDMA2000

CDMA2000 是由窄带 CDMA(CDMA IS95)技术发展而来的宽带 CDMA 技术,由美国主推,该标准提出了从 CDMA IS95(2G)—CDMA20001x—CDMA20003x(3G)的演进策略。CDMA20001x 被称为 2.5 代移动通信技术。CDMA20003x 与 CDMA20001x 的主要区别在于应用了多路载波技术,通过采用三载波使带宽提高。中国联通采用这一方案向 3G 过渡,并已建成了 CDMA IS95 网络。

3.TD-SCDMA

TD-SCDMA 全称为 Time Division-Synchronous CDMA（时分同步 CDMA），是由我国大唐电信公司提出的 3G 标准，该标准提出不经过 2.5 代的中间环节，直接向 3G 过渡，非常适用于 GSM 系统向 3G 升级。但目前大唐电信科技股份有限公司还没有基于这一标准的可供商用的产品推出。

（二）3G 三大主流技术标准比较

WCDMA、CDMA2000 与 TD-SCDMA 都属于宽带 CDMA 技术。宽带 CDMA 进一步拓展了标准的 CDMA 概念，在一个相对更宽的频带上扩展信号，从而减少由多径和衰减带来的传播问题，具有更大的容量，可以根据不同的需要使用不同的带宽，具有较强的抗衰落能力与抗干扰能力，支持多路同步通话或数据传输，且兼容现有设备。WCDMA、CDMA2000 与 TD-SCDMA 都能在静止状态下提供 2 Mbit/s 的数据传输速率，但三者的一些关键技术仍存在着较大的差别，性能上也有所不同。

1.双工模式

WCDMA 与 CDMA2000 都是采用 FDD（频分数字双工）模式，TD-SCDMA 采用 TDD（时分数字双工）模式。FDD 是将上行（发送）和下行（接收）的传输使用分离的两个对称频带的双工模式，需要成对的频率，通过频率来区分上、下行，对于对称业务（如语音）能充分利用上、下行的频谱，但对于非对称的分组交换数据业务（如互联网），由于上行负载低，频谱利用率则大大降低。TDD 是将上行和下行的传输使用同一频带的双工模式，根据时间来区分上、下行并进行切换，物理层的时隙被分为上、下行两部分，不需要成对的频率，上、下行链路业务共享同一信道，可以不平均分配，特别适用于非对称的分组交换数据业务（如互联网）。TDD 的频谱利用率高，而且成本低廉，但由于采用多时隙的不连续传输方式，基站发射峰值功率与平均功率的比值较高，造成基站功耗较大，基站覆盖半径较小，同时也造成抗衰落和抗多普勒频移的性能较差，当手机处于高速移动的状态时通信能力较差。WCDMA 与 CDMA2000 能够支持移动终端在时速 500 km 左右时的正常通信，而 TD-SCDMA 只能支持移动终端在时速 120 km 左右时的正常通信。TD-SCDMA 在高速公路及铁路等高速移动的环境中处于劣势。

2.码片速率与载波带宽

WCDMA(FDD-DS)采用直接序列扩频方式,其码片速率为 3.84 Mchip/s。CDMA20001x 与 CDMA20003x 的区别在于载波数量不同,CDMA20001x 为单载波,码片速率为 1.228 8 Mchip/s,CDMA20003x 为三载波,其码片速率为 1.228 8×3 = 3.686 4Mchip/s。TD-SCDMA 的码片速率为 1.28 Mchip/s。码片速率高能有效地利用频率选择性分集以及空间的接收和发射分集,可以有效地解决多径问题和衰落问题,WCDMA 在这方面最具优势。

载波带宽方面,WCDMA 采用了直接序列扩谱技术,具有 5 MHz 的载波带宽。CDMA20001x 采用了 1.25 MHz 的载波带宽,CDMA20003x 利用 3 个 1.25 MHz 载波的合并形成 3.75 MHz 的载波带宽。TD-SCDMA 采用三载波设计,每载波具有 1.6 M 的带宽。载波带宽越高,支持的用户数就越多,在通信时发生网塞的可能性就越小。在这方面 WCDMA 具有比较明显的优势。

TD-SCDMA 系统仅采用 1.28 Mchip/s 的码片速率,采用 TDD 双工模式,因此只需占用单一的 1.6 M 带宽,就可传送 2 Mbit/s 的数据业务。而 WCDMA 与 CDMA2000 要传送 2 Mbit/s 的数据业务,均需要两个对称的带宽,分别作为上、下行频段,因而 TD-SCDMA 对频率资源的利用率是最高的。

3.智能天线技术

智能天线技术是 TD-SCDMA 采用的关键技术,已由大唐电信公司申请了专利,目前 WCDMA 与 CDMA2000 都还没有采用这项技术。智能天线是一种安装在基站现场的双向天线,通过一组带有可编程电子相位关系的固定天线单元获取方向性,并可以同时获取基站和移动台之间各个链路的方向特性。TD-SCDMA 智能天线的高效率是基于上行链路和下行链路的无线路径的对称性(无线环境和传输条件相同)而获得的。智能天线还可以减少小区间及小区内的干扰。智能天线的这些特性可显著提高移动通信系统的频谱效率。

4.越区切换技术

WCDMA 与 CDMA2000 都采用了越区"软切换"技术,即当手机发生移动或是目前与手机通信的基站话务繁忙使手机需要与一个新的基站通信时,并不先中断与原基站的联系,而是先与新的基站连接后,再中断与原基站的联系,这是经典的 CDMA 技术。"软切换"是相对于"硬切换"而言的。FDMA 和 TDMA 系统都采用"硬切换"技术,先中断与原基站的联系,再与新的基站进行连接,因而容易产生掉话。由于软切换在瞬间同时连接两个基站,对信道资源占用较大。而 TD-SCDMA则采用了越区"接力切换"技术,智能天线可大致定位用户的方位和距离,基站和基站控制器可根据用户的方位和距离信息,判断用户是否移动到应切换给另一基站的邻近区域,如果进入切换区,便由基站控制器通知另一基站做好切换准备,达到接力切换的目的。接力切换是一种改进的硬切换技术,可提高切换成功率,与软切换相比可以减少切换时对邻近基站信道资源的占用时间。在切换的过程中,需要两个基站间的协调操作。WCDMA 无需基站间的同步,通过两个基站间的定时差别报告来完成软切换。CDMA2000 与 TD-SCDMA 都需要基站间的严格同步,因而必须借助于 GPS(Global Positioning System,全球定位系统)等设备来确定手机的位置并计算出到达两个基站的距离。由于GPS 依赖于卫星,CDMA2000 与 TD-SCDMA 的网络部署将会受到一些限制,而 WCDMA 的网络在许多环境下更易于部署,即使在地铁等 GPS信号无法到达的地方也能安装基站,实现真正的无缝覆盖。而且 GPS是美国的系统,若将移动通信系统建立在 GPS 可靠工作的基础上,将会受制于美国的 GPS 政策,有一定的风险。

5.与第二代系统的兼容性

WCDMA 由 GSM 网络过渡而来,虽然可以保留 GSM 核心网络,但必须重新建立 WCDMA 的接入网,并且不可能重用 GSM 基站。CD-MA20003x 从 CDMA IS95、CDMA20001x 过渡而来,可以保留原有的CDMA IS95 设备。TD-SCDMA 系统的建设只需在已有的 GSM 网络上增加 TD-SCDMA 设备即可。三种技术标准中,WCDMA 在升级的过程中耗资最大。

四、3G 技术的应用

(一) 宽带上网

移动宽带发展迅速,在短时间内成为 3G 的主流应用,目前中国联通的 3G 网络速度最快可达 14.4 Mbps,手机可当作小电脑的梦想已变为现实。

(二) 视频通话

手机的视频通话功能成为国内外不少人士青睐的 3G 服务之一。依靠 3G 网络的高速数据传输,3G 手机用户可以通过拨打视频电话"面谈"了,能看到彼此的沟通方式更为真实。

(三) 手机电视

据调查,用户最喜爱的 3G 应用是手机电视,可在移动的状态下通过手机观看自己需要的视频,观看点播和直播用户喜爱的电视节目。中国电信推出的"天翼"品牌,利用目前 CDMA 网络峰值传输速率能达到 153.6 kbps 的优势,为用户打造高速率手机互联网体验,满足用户手机移动娱乐的需求。

(四) 手机购物

现今不少网络卖家都推出了手机商城,如淘宝手机商城、当当手机商城、京东手机商城、凡客手机商城等,用户只要开通手机上网服务,就可以通过手机查询商品信息,并在线支付购买产品。

(五) 农业生产远程控制

利用 3G 技术,将远程控制与农业生产自动化结合起来,将大棚中采集的数据信息、图片和视频等定时传递给管理员,管理员通过 3G 手机或电脑等各类移动设备接收和发送数据,实现大棚远程控制的目的。该技术可提高农业成产率、改善劳动环境、增加劳动舒适性、优化各种农业资源的配置,在农业现代化进程中有很广的应用前景。

(六) 在农业气象观测中的应用

通过 3G 网络将采集的常规气象数据、土壤水分数据、图像数据和视频数据传输给气象中心站进行数据分析处理,为农业气象服务和农事生产决策提供依据。

第六节　4G 通信技术

一、4G 通信技术简介

4G 是对第四代移动通信技术(The 4th Generation Mobile Communication Technology)的俗称。4G 技术包括 TD-LTE 和 FDD-LTE 两种制式(严格意义上来讲,LTE 只是 3.9G,尽管被宣传为 4G 无线标准,但它其实并未被 3GPP 认可为国际电信联盟所描述的下一代无线通信标准 IMT-Advanced,因此在严格意义上它还未达到 4G 的标准。只有升级版的 LTE Advanced 才满足国际电信联盟对 4G 的要求)。4G 集 3G 与 WLAN 于一体,并能够快速传输数据及高质量音频、视频和图像等。4G 能够以 100 Mbps 以上的速度下载,比目前的家用宽带 ADSL(4 M)快 25 倍,并能够满足几乎所有用户对于无线服务的要求。此外,4G 可以在 DSL 和有线电视调制解调器没有覆盖的地方部署,然后扩展到整个地区。很明显,4G 有着不可比拟的优越性。

二、4G 技术的产生背景及发展历史

随着数据通信与多媒体业务需求的发展,适应移动数据、移动计算及移动多媒体运作需要的第四代移动通信开始兴起,因此有理由期待这种第四代移动通信技术给人们带来更加美好的未来。另外,4G 也因为其拥有的超高数据传输速度,被中国物联网校企联盟誉为机器之间当之无愧的"高速对话通道"。

国际电信联盟(ITU)为 4G 制定了明确的时间表:2006~2007 年完成频谱规划,2010 年左右完成全球统一的标准化工作,2010 年之后开始商用。其中,4G 技术提案从 2008 年开始征集。

2001 年,国家"863"计划启动了面向 B3G/4G 的移动通信发展研究计划——FuTURE 未来通用无线环境研究计划(简称 FuTURE 计划)。近 10 年来,国内数十家大学、企业和研究所均参与其中。2006 年 10 月 31 日,4G 外场试验系统在上海通过了现场验收,正式将

FuTRUE 计划带入了第三阶段。这是全球进行的首次关于 4G 技术的应用测试,也是目前为止全世界最大的 4G 试验系统:共包括 6 个节点、3 个信道、6 个终端,并引入了如 IPv6 核心网络、IPTV 高清晰度业务与移动通信切换等技术。试验系统频点 3.5 GHz、带宽 20 MHz,采用协同分布式无线电蜂窝构架、混合 FDD/TDD 双工方式、GMC/OFDM 多址技术。

2010 年,中国移动在上海世博园建设了全球第一个 TD-LTE 试验网,随后在全国 7 个城市开展规模试验,使网络接入速率提高至 3G 技术的 10 倍以上。2013 年 12 月,中国移动在广州宣布,将建成全球最大 4G 网络,截至 2014 年底,4G 网络将覆盖超过 340 个城市。2014 年 1 月,京津城际高铁作为全国首条实现移动 4G 网络全覆盖的铁路,实现了 300 km 时速高铁场景下的数据业务高速下载,一部 2G 大小的电影只需要几分钟。原有的 3G 信号也得到增强。截至 2015 年 12 月底,全国电话用户总数达到 15.37 亿户,其中移动电话用户总数达 13.06 亿,4G 用户总数达 3.862 25 亿,4G 用户在移动电话用户中的渗透率为 29.6%。

三、4G 通信技术的特点

(一)通信速度快

由于人们研究 4G 通信的最初目的就是提高蜂窝电话和其他移动装置无线访问 Internet 的速率,因此 4G 通信给人印象最深刻的特征莫过于它具有更快的无线通信速度。

从移动通信系统数据传输速率来说,第一代模拟式仅提供语音服务;第二代数位式移动通信系统传输速率也只有 9.6 kbps,最高可达 32 kbps,如 PHS;第三代移动通信系统数据传输速率可达到 2 Mbps;而第四代移动通信系统传输速率可达到 20 Mbps,甚至最高可以达到 100 Mbps,这种速度相当于 2009 年最新手机的传输速度的 1 万倍左右、第三代手机传输速度的 50 倍。

(二)网络频谱宽

要想使 4G 通信达到 100 Mbps 的传输速率,通信运营商必须在 3G

通信网络的基础上,进行大幅度的改造和研究,以便使 4G 网络在通信带宽上比 3G 网络的蜂窝系统的带宽高出许多。据研究 4G 通信的 AT&T 的执行官们说,估计每个 4G 信道会占有 100 MHz 的频谱,相当于 W-CDMA 3G 网络的 20 倍。

(三)通信灵活

从严格意义上说,4G 手机的功能,已不能简单划归"电话机"的范畴,毕竟语音资料的传输只是 4G 移动电话的功能之一而已,因此未来 4G 手机更应该算得上是一台小型电脑了,而且 4G 手机从外观和式样上,会有更惊人的突破,人们可以想象的是,眼镜、手表、化妆盒、旅游鞋等,以方便和个性为前提,任何一件能看到的物品都有可能成为 4G 终端,只是人们还不知应该怎么称呼它。

未来的 4G 通信使人们不仅可以随时随地通信,更可以双向下载传递资料、图画、影像,当然也可以和从未谋面的陌生人网上联线对打游戏。也许有被网上定位系统永远锁定无处遁形的苦恼,但是与它据此提供的地图带来的便利和安全相比,这简直可以忽略不计。

(四)智能性能高

第四代移动通信的智能性能更高,不仅表现为 4G 通信的终端设备的设计和操作具有智能化,例如对菜单和滚动操作的依赖程度会大大降低,更重要的是 4G 手机可以实现许多难以想象的功能。

例如 4G 手机能根据环境、时间以及其他设定的因素来适时地提醒手机的主人此时该做什么事,或者不该做什么事,4G 手机可以把电影院票房资料直接下载到 PDA 上,这些资料能够把售票情况、座位情况显示得很清楚,大家可以根据这些信息来进行在线购买自己满意的电影票;4G 手机可以被看作一台手提电视,用来观看体育比赛之类的各种现场直播。

(五)兼容性好

要使 4G 通信尽快地被人们接受,不但考虑到它的功能强大外,还应该考虑到现有通信的基础,以便让更多的现有通信用户在投资最少的情况下就能很轻易地过渡到 4G 通信。

因此,从这个角度来看,未来的第四代移动通信系统应当具备全球漫游、接口开放、能跟多种网络互联、终端多样化以及能从第二代平稳过渡等特点。

(六) 提供增值服务

4G 通信并不是在 3G 通信的基础上经过简单的升级而演变过来的,它们的核心建设技术根本就是不同的,3G 移动通信系统主要是以 CDMA 为核心技术,而 4G 移动通信系统则以正交多任务分频技术(OFDM)最受瞩目,利用这种技术人们可以实现例如无线区域环路(WLL)、数字音讯广播(DAB)等方面的无线通信增值服务;不过考虑到与 3G 通信的过渡性,第四代移动通信系统在未来不会仅仅只采用 OFDM 一种技术,CDMA 技术会在第四代移动通信系统中,与 OFDM 技术相互配合以便发挥出更大的作用,甚至未来的第四代移动通信系统也会有新的整合技术如 OFDM/CDMA 产生,上文所提到的数字音讯广播,其实它真正运用的技术是 OFDM/FDMA 的整合技术,同样是利用两种技术的结合。

因此,未来以 OFDM 为核心技术的第四代移动通信系统,也将会结合两项技术的优点,一部分将是以 CDMA 的延伸技术。

(七) 高质量通信

尽管第三代移动通信系统也能实现各种多媒体通信,为此未来的第四代移动通信系统也称为"多媒体移动通信"。

第四代移动通信不仅仅是为了应对应用户数的增加,更重要的是,必须要考虑应用多媒体的传输需求,当然还包括通信品质的要求。总结来说,必须可以容纳市场庞大的用户数、改善现有通信品质不良,以及达到高速数据传输的要求。

(八) 频率效率高

相比第三代移动通信技术来说,第四代移动通信技术在开发研制过程中使用和引入许多功能强大的突破性技术,例如一些光纤通信产品公司为了进一步提高无线因特网的主干带宽宽度,引入了交换层级技术,这种技术能同时涵盖不同类型的通信接口,也就是说第四代主要是运用路由技术(Routing)为主的网络架构。由于利用了几项不同的技术,所以无线频率的使用比第二代和第三代系统有效得多。

四、4G 通信中的核心技术

(一) 接入方式和多址方案

正交频分复用是一种无线环境下的高速传输技术,其主要思想就是在频域内将给定信道分成许多正交子信道,在每个子信道上使用一个子载波进行调制,各子载波并行传输。尽管总的信道是非平坦的,即具有频率选择性,但是每个子信道是相对平坦的,在每个子信道上进行的是窄带传输,信号带宽小于信道的相应带宽。OFDM 技术的优点是可以消除或减小信号波形间的干扰,对多径衰落和多普勒频移不敏感,提高了频谱利用率,可实现低成本的单波段接收机。OFDM 的主要缺点是功率效率不高。

(二) 调制与编码技术

4G 移动通信系统采用新的调制技术,如多载波正交频分复用调制技术以及单载波自适应均衡技术等调制方式,以保证频谱利用率和延长用户终端电池的寿命。4G 移动通信系统采用更高级的信道编码方案(如 Turbo 码、级连码和 LDPC 等) 、自动重发请求(ARQ)技术和分集接收技术等,从而在低 Eb/NO 条件下保证系统足够的性能。

(三) 高性能的接收机

4G 移动通信系统对接收机提出了很高的要求。Shannon 定理给出了在带宽为 BW 的信道中实现容量为 C 的可靠传输所需要的最小 SNR。按照 Shannon 定理,可以计算出,对于 3G 系统如果信道带宽为 5 MHz,数据传输速率为 2 Mbps,所需的 SNR 为 1.2 dB;而对于 4G 系统,要在 5 MHz 的带宽上传输 20 Mbps 的数据,则所需要的 SNR 为 12 dB。可见,对于 4G 系统,由于速率很高,对接收机的性能要求也要高得多。

(四) 智能天线技术

智能天线具有抑制信号干扰、自动跟踪以及数字波束调节等智能功能,被认为是未来移动通信的关键技术。智能天线应用数字信号处理技术,产生空间定向波束,使天线主波束对准用户信号到达方向,旁瓣或零陷对准干扰信号到达方向,达到充分利用移动用户信号并消除或抑制干扰信号的目的。这种技术既能改善信号质量又能增加传输容量。

(五) MIMO 技术

MIMO(多输入多输出)技术是指利用多发射、多接收天线进行空间分集的技术,它采用的是分立式多天线,能够有效地将通信链路分解成为许多并行的子信道,从而大大提高容量。信息论已经证明,当不同的接收天线和不同的发送天线之间互不相关时,MIMO 系统能够很好地提高系统的抗衰落和噪声性能,从而获得巨大的容量。例如,当接收天线和发送天线数目都为 8 根,且平均信噪比为 20 dB 时,链路容量可以高达 42 bps/Hz,这是单天线系统所能达到容量的 40 多倍。因此,在功率带宽受限的无线信道中,MIMO 技术是实现高数据速率、提高系统容量、提高传输质量的空间分集技术。在无线频谱资源相对匮乏的今天,MIMO 系统已经体现出其优越性,也会在 4G 移动通信系统中继续应用。

(六) 软件无线电技术

软件无线电是将标准化、模块化的硬件功能单元经过一个通用硬件平台,利用软件加载方式来实现各种类型的无线电通信系统的一种具有开放式结构的新技术。软件无线电的核心思想是在尽可能靠近天线的地方使用宽带 A/D 和 D/A 变换器,并尽可能多地用软件来定义无线功能,各种功能和信号处理都尽可能用软件实现。其软件系统包括各类无线信令规则与处理软件、信号流变换软件、信源编码软件、信道纠错编码软件、调制解调算法软件等。软件无线电使得系统具有灵活性和适应性,能够适应不同的网络和空中接口。软件无线电技术能支持采用不同空中接口的多模式手机和基站,能实现各种应用的可变 QoS(Quality of Service,服务质量)。

(七) 基于 IP 的核心网

移动通信系统的核心网是一个基于全 IP 的网络,同已有的移动网络相比具有根本性的优点,即可以实现不同网络间的无缝互联。核心网独立于各种具体的无线接入方案,能提供端到端的 IP 业务,能同已有的核心网和 PSTN 兼容。核心网具有开放的结构,能允许各种空中接口接入核心网;同时,核心网能把业务、控制和传输等分开。采用 IP

后,所采用的无线接入方式和协议与核心网络(CN)协议、链路层是分离独立的。IP 与多种无线接入协议相兼容,因此在设计核心网络时具有很大的灵活性,不需要考虑无线接入究竟采用何种方式和协议。

(八)多用户检测技术

多用户检测是宽带通信系统中抗干扰的关键技术。在实际的 CDMA 通信系统中,各个用户信号之间存在一定的相关性,这就是多址干扰存在的根源。由个别用户产生的多址干扰固然很小,可是随着用户数量的增加或信号功率的增大,多址干扰就成为宽带 CDMA 通信系统的一个主要干扰。传统的检测技术完全按照经典直接序列扩频理论对每个用户的信号分别进行扩频码匹配处理,因而抗多址干扰能力较差;多用户检测技术在传统检测技术的基础上,充分利用造成多址干扰的所有用户信号信息对单个用户的信号进行检测,从而具有优良的抗干扰性能,解决了远近效应问题,降低了系统对功率控制精度的要求,因此可以更加有效地利用链路频谱资源,显著提高系统容量。随着多用户检测技术的不断发展,各种高性能又不是特别复杂的多用户检测器算法不断提出,在 4G 实际系统中采用多用户检测技术将是切实可行的。

五、4G 通信技术的应用

(一)信息交流

4G 最基本的应用就是无线信息的流通,让信息以超高速的方式驰骋在无线网络空间。新的网络应用将把这种信息交流变得更加快捷与流畅,保证外部网关与 4G 网络的交互流畅,如电话用户、电视用户、电脑用户、平板电脑用户等都可以再通过 4G 移动技术达到互通,人机、人人之间的交流更加自由方便、高效灵活,整个信息交流网络将向综合、智能、全球、个性的沟通方式转变,实现"无处不信息"的通信前景。

(二)电视直播

由于 4G 能够传输高质量视频图像,能够实现即拍即传,因此 4G 技术用于电视直播具有很强的优势。4G 方式与传统电视传输相比,卫星费用低,使用无需申请,更加灵活。以往的电视直播技术多会受到建筑物的遮挡,特别在城市中心区域传播信号有盲点,且长距离微波无法直接传输,需要使用调试设备来中继信号。而 4G 拥有运营商已经铺设的大规模网络作为基础,解决了城市区域的盲点问题,并且可以在较大范围内快速移动。由此,4G 技术已经可以满足电视媒体的各种需求,如突发类新闻直播、恶劣环境下进行的直播等。在亚运会期间,广东电视台就曾利用 4G 技术(TD-LTE)对亚运会的开幕式、闭幕式、热门比赛项目等重大事件进行了现场直播。直播的传输码率达到了 10 Mbps 左右,且传送画面实时、清晰、流畅,提供图像质量达到了广播级应用需求。

(三) 在智能农业中的应用

随着规模农业的快速发展,无线网络农业自动化系统将有非常广阔的推广应用前景。农业大棚远程监测系统运用最新的 4G 无线通信技术、数字化温度和湿度传感技术,可实时自动监测大棚里的关键点,大幅度降低人工巡查的工作量,对不安全状况提前进行预警,并通过后台计算机轻松实现无人值守和远程监测。

第五章　支持物联网的其他技术

第一节　物联网智能视频技术

一、智能视频技术概述

智能视频（IV，Intelligent Video）源自计算机视觉（CV，Computer Vision）技术。计算机视觉技术是人工智能（AI，Artificial Intelligent）研究的分支之一，它能够在图像及图像描述之间建立映射关系，从而使计算机能够通过数字图像处理，自动分析和抽取视频源中的关键信息，理解、识别视频画面中的内容、对象。

智能视频技术是监控技术第三个发展阶段"机器眼+机器脑"中的"机器脑"部分，利用机器，将人脑对于视频画面的监控判断，进行数据分析，提炼特征形成算法并植入机器，形成"机器脑"对视频画面自动检测分析，并作出报警或其他动作。它借助于计算机强大的数据处理能力过滤掉视频画面无用的或干扰信息、自动分析、抽取视频源中的关键有用信息，从而使摄像机不但成为人的眼睛，也使计算机成为人的大脑。智能视频监控技术是最前沿的应用之一，体现着未来视频监控系统全面走向数字化、智能化、多元化的必然发展趋势。

二、物联网与智能视频技术

物联网是指通过射频识别、红外感应器、全球定位系统等信息传感设备，按约定的协议，把任何物品与互联网连接起来，进行信息交换和通信，以实现智能化识别、定位、跟踪、监控和管理的一种网络。如果把摄像机看作人的眼睛，而智能视频系统或设备则可以看作人的大脑。视频监控就是物联网的感知环节少不了的"眼睛"。然而，监控探头数量和监控数据存储量非常巨大，随之而来的问题是如果完全依靠人工分析和监控，会存在效率低下、识别率不高、存储困难等问题，常常不能实时发现突发事故的发生情况。而智能视频分析技术能够对海量的视频数据进行自动分析并抽取出视频源中的关键信息，从而提高工作效率和识别精度。

三、智能视频技术硬件架构

视频监控的智能化表现为计算机视觉算法在视频分析中的应用。智能视频监控区别于传统意义上的监控系统在于变被动监控为主动监控(自动检测、识别潜在入侵者、可疑目标和突发事件)，即它的智能性。简单而言，不仅用摄像机代替人眼，而且用计算机代替人、协助人，来完成监视或控制的任务，从而减轻人的负担。

智能视频监控系统的结构通常有如下两种。

(一)主动智能监视系统

这类系统的特点是主动摄像机不仅可以理解视场内的场景，还可以有选择性地专注于特定的活动或感兴趣的事件。主动智能监视系统需要额外完成两个任务：管理主动摄像机资源，即确定哪些摄像机用于监视全景，哪些摄像机用于监视特定行为或事件；利用视频分析算法提供的信息控制摄像机的运动和变焦。

(二)分布式智能视频监视系统

通过无线视频通信网络将各点智能摄像机与中心站连接起来，智能监视服务器不仅可以生成图像，还可以分析视频，根据视频分析的信息控制摄像机以及确定使用恰当的存储资源和带宽，传送高质量视频给终端用户。智能摄像机最大程度减小了系统结构的成本。

四、智能视频监控的关键技术

智能视频监控技术涉及图像处理、图像分析、机器视觉、模式识别、人工智能等众多研究领域，是一个跨学科的综合问题。它的主要组成部分如图 5-1 所示。

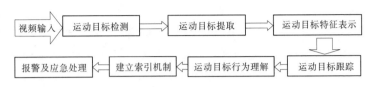

图 5-1　智能视频监控的主要组成部分

(一) 运动目标检测

运动目标检测是将目标物体所在区域从视频序列的图像中分离出来。后续工作中的运动目标提取,以及运动目标跟踪和运动目标行为理解都是在正确检测识别目标物体的基础上进行的。运动目标检测是视频监控系统中的前导步骤。

运动目标检测分背景检测和目标检测,现有的背景检测方法大致有四种:背景统计法、Surendra 背景更新算法、卡尔曼滤波法以及背景模型法。目标检测算法中常用的主要有三种:光流法、帧间差分法和背景减法。所谓光流法,是采用运动目标随时间变化的光流特性,通过计算图像序列的光流场提取运动目标。

(二) 运动目标提取和特征表示

在运动区域中将多个运动目标提取出来,通常使用形态学操作来进行目标的标记和计数。形态学的基本运算有四种:膨胀、腐蚀、开运算和闭运算。

(三) 运动目标跟踪和行为理解

在目标跟踪问题中,典型的跟踪算法包括使用点、线或者区域等特征对相邻帧进行目标物的匹配。跟踪的分类方法有很多种,常见的有基于模型的跟踪、基于轮廓的跟踪、基于特征的跟踪等。

五、智能视频监控技术的应用

(一) 高级视频移动侦测

在复杂的天气环境中(例如雨雪、大雾、大风等)精确地侦测和识别单个物体或多个物体的运动情况,包括运动方向、运动特征等。

(二) 物体追踪

侦测到移动物体之后,根据物体的运动情况,自动发送 PTZ 控制指令,使摄像机能够自动跟踪物体,在物体超出该摄像机监控范围之后,自动通知物体所在区域的摄像机继续进行追踪。

(三) 人物面部识别

自动识别人物的脸部特征,并通过与数据库档案进行比较来识别或验证人物的身份。此类应用又可以细分为合作型和非合作型两大类。合作型应用需要被监控者在摄像机前停留一段时间,通常与门禁系统配合使用;非合作型则可以在人群中识别出特定的个体,此类应用可以在机场、火车站、体育场馆等安防应用场景中发挥很大的作用。

(四) 车辆识别

识别车辆的形状、颜色、车牌号码等特征,并反馈给监控者。此类应用可以用在被盗车辆追踪等场景中。

(五) 非法滞留

当一个人物或物体(如箱子、包裹、车辆等)在敏感区域停留的时间过长,或超过了预定义的时间长度时就会报警。典型应用场景包括机场、火车站、地铁站等。

(六) 交通流量控制

用于公路上监视交通情况,例如统计通过的车数、平均车速、是否有非法停靠、是否有故障车辆等。

(七) 农业安全生产及病虫害监测

通过病虫害智能视频监控平台对农作物进行全天候实时监控,自动识别不安全因素及农作物病虫害状况,并发出预警信号,提示生产管理者采取相应的应对措施。

第二节 支持物联网的条形码技术

一、条形码技术概述及其原理

条形码技术是实现 POS 系统、EDI、电子商务、供应链管理的技术基础,是物流管理现代化的重要技术手段。条形码技术包括条形码的编码技术、条形码标识符号的设计、快速识别技术和计算机管理技术,它是实现计算机管理和电子数据交换不可少的前端采集技术。

条形码技术最早产生于 20 世纪 20 年代,最初的想法是在信封上做条形码标记,条形码中的信息是收信人的地址,就像今天的邮政编码。为此 Kermode 发明了最早的条形码标识,设计方案非常的简单,即一个"条"表示数字"1",二个"条"表示数字"2",以此类推。然后,他又发明了由基本的元件组成的条形码识读设备:一个扫描器(能够发射光并接收反射光);一个测定反射信号条和空白的方法,即边缘定位线圈,以及使用测定结果的方法,即译码器。

20 世纪 40 年代,美国两位工程师在 Kermode 的基础上对条形码技术进行了改进,并于 1949 年获得了世界上第一个条形码专利。

1966 年,IBM 和 NCR 两家公司在调查了商店销售结算口使用扫描器和计算机的可行性基础上推出了世界上首套条形码技术应用系统。这个系统把物品价格记录在物品包装的磁条上,当物品通过扫描器时,扫描器就读出了磁条上的信息。

1970 年,美国食品杂货工业协会发起组成了美国统一代码委员会(简称 UCC),UCC 的成立标志着美国工商界全面接受了条形码技术。1972 年,UCC 组织将 UPC 条形码作为统一的商品代码,用于商品标识,并且将通用商品代码 UPC 条形码作为条形码标准在美国和加拿大普遍应用。这一措施为今后商品条形码统一和广泛应用奠定了基础。

1973 年,欧洲的法国、英国、联邦德国、丹麦等 12 个国家的制造商和销售商发起并筹建了欧洲的物品编码系统,并于 1977 年成立欧洲物品编码协会,简称 EAN 协会。EAN 协会推出了与 UPC 条形码兼容的商品条形码:EAN 条形码。1981 年,欧洲物品编码协会改名为国际物品编码协会,简称 IAN,由于习惯叫法,直到今天仍然称 EAN 组织。

我国于 1988 年成立中国物品编码协会,并于 1991 年 4 月正式加入 EAN 组织。目前,我国商品使用的前缀码就是 EAN 国际组织分配给我国的 690、691、692、693。

条形码是由一组按一定编码规则排列的条、空符号,用以表示一定的字符、数字及符号组成的信息,是一种数据载体。条形码系统是由条形码符号设计、制作及扫描阅读组成的自动识别系统。在进行辨识的时候,是用条形码阅读机(条形码扫描器又叫条形码扫描枪或条形码阅读器)扫描,得到一组反射光信号,此信号经光电转换成相应的数字、字符信息,通过接口电路送给计算机系统进行数据处理与管理,完成条形码识读的全过程。

二、条形码的种类及其特性

条形码系统是由条形码符号设计、制作及扫描阅读组成的自动识别系统。条形码卡分为一维条形码和二维条形码两种。一维条形码比较常用,如日常商品外包装上的条形码就是一维条形码。它的信息存储量小,仅能存储一个代号,使用时通过这个代号调取计算机网络中的数据。

二维条形码(2-Dimensional Bar Code)是近几年发展起来的,它能在有限的空间内存储更多的信息,包括文字、图像、指纹、签名等;是用某种特定的几何图形按一定规律在平面(二维方向)上分布的黑白相间的图形记录数据符号信息的;在代码编制上巧妙地利用构成计算机内部逻辑基础的"0""1"比特流的概念,使用若干个与二进制相对应的几何形体来表示文字数值信息,通过图像输入设备或光电扫描设备自动识读以实现信息自动处理。它具有条形码技术的一些共性:每种码制有其特定的字符集;每个字符占有一定的宽度;具有一定的校验功能等。二维条形码可脱离计算机使用,主要可分为堆叠式二维条形码和矩阵式二维条形码,如图5-2、图5-3所示。

图5-2　堆叠式二维条形码(PDF417码)

条形码种类很多,常见的大概有20多种码制,其中包括:Code39码(标准39码)、Codabar码(库德巴码)、Code25码(标准25码)、

图 5-3 矩阵式二维条形码(QR Code 码)

ITF25 码(交叉 25 码)、Matrix25 码(矩阵 25 码)、UPC-A 码、UPC-E 码、EAN-13 码(EAN-13 国际商品条形码)(见图 5-4)、EAN-8 码(EAN-8 国际商品条形码)、中国邮政码(矩阵 25 码的一种变体)、Code-B 码、MSI 码、Code11 码、Code93 码、ISBN 码、ISSN 码、Code128 码(包括 EAN128 码)、Code39EMS(EMS 专用的 39 码)等一维条形码和 Code49、Code16K、PDF417、QR Code 等二维条形码。

图 5-4 EAN-13 码

目前,国际广泛使用的条形码种类有:

EAN、UPC 码——商品条形码,用于在世界范围内唯一标识一种商品。我们在超市中最常见的就是 EAN(European Article Number,欧洲商品条形码)和 UPC(Universal Product Code,统一商品条形码)条形码。

其中,EAN 码是当今世界上广为使用的商品条形码,已成为电子数据交换(EDI)的基础;UPC 条形码主要为美国和加拿大使用。

Code39 码——因其可采用数字与字母共同组成的方式而在各行业内部管理中被广泛使用。

ITF25 码——在物流管理中应用较广泛。

Codebar 码——多用于血库,以及图书馆和照像馆的业务中。

ISBN 码——国际标准书码(International Standard Book Number),是由 EAN 码演变而来的,如图 5-5 所示。

图 5-5　ISBN 码

ISSN 码——国际标准连续出版物编号(International Standard Serial Number),是根据国际标准化组织 1975 年制定的 ISO 3297 的规定,由设于法国巴黎的国际期刊数据系统中心赋予申请登记的每一种刊物一个具有识别作用且通行国际间的统一编号。

三、条形码技术的优点

条形码是迄今为止最经济、实用的一种自动识别技术。条形码技术具有以下几个方面的优点。

(一)输入速度快

与键盘输入相比,条形码输入的速度是键盘输入的 5 倍,并且能实现即时数据输入。

(二)可靠性高

键盘输入数据出错率为 1/300,利用光学字符识别技术出错率为 1/10 000,而采用条形码技术误码率低于 1/100 万。

(三)采集信息量大

利用传统的一维条形码一次可采集几十位字符的信息,二维条形码更可以携带数千个字符的信息,并有一定的自动纠错能力。

(四)灵活实用

条形码标识既可以作为一种识别手段单独使用,也可以和有关识别设备组成一个系统实现自动化识别,还可以和其他控制设备连接起来实现自动化管理。

另外,条形码标签易于制作,对设备和材料没有特殊要求,识别设备操作容易,不需要特殊培训,且设备价格也相对便宜。

四、条形码技术的应用

条形码技术现已被广泛应用于人们生产生活的诸多方面。如被用来进行物品追踪、控制库存、记录时间和出勤、监视生产过程、质量控制、检进检出、分类、订单输入、文件追踪、进出控制、个人识别、送货与收货、仓库管理、路线管理、售货点作业以及包括追踪药物使用和病人收款等在内的医疗保健方面的应用;此外,也已被应用于农业生产中的农产品生产溯源领域。

第三节　定位技术

无线定位技术对于物联网系统应用是不可或缺的,它通过对接收的无线电波参数进行测量,根据特定的算法来判别被测物体的位置。测量参数一般包括无线电波的传输时间、幅度、相位和到达角等,而定位精度取决于测量的方法。

一、室内定位技术

(一) A-GPS 定位技术

GPS 是目前应用最为广泛的定位技术。利用 GPS 进行定位的优势是卫星有效覆盖范围大,且定位导航信号免费。缺点是定位信号到达地面时较弱,不能穿透建筑物,而且定位器终端的成本较高。当 GPS 接收机在室内工作时,由于信号受建筑物的影响而大大衰减,定位精度也很低,要像室外一样直接从卫星广播中提取导航数据和时间信息是不可能的。为了得到较高的信号灵敏度,就需要延长在每个码延迟上的停留时间,A-GPS(Assisted GPS)技术为这个问题的解决提供了可能性。

A-GPS 即辅助 GPS 技术,是一种结合了网络基站信息和 GPS 信息对移动台进行定位的技术。A-GPS 技术通过结合 GSM / GPRS 与传统卫星定位,利用基地台代送辅助卫星信息,以缩减 GPS 芯片获取卫星信号的延迟时间,受遮盖的室内也能借助于基地台信号弥补,减轻 GPS 芯片对卫星的依赖度。

A-GPS 定位技术的主要功能是能够为终端用户提供高精度的位置信息。移动运营商采用基于 A-GPS 定位技术的位置服务后,终端用户可以方便、快捷地获知自己或他人当前所处的位置,特别适用于车辆跟踪与导航系统以及具有特殊任务的车辆(运钞车、救护车、消防车等),能够大幅度提高车辆安全、运输效率和服务质量。目前,国内移动通信市场日益发展,特别是随着 3G、4G 网络的普及推广,中国移动和中国联通都制订和推出了各自的 A-GPS 方案。与纯 GPS、基地台三角定位比较,A-GPS 能提供范围更广、更省电、速度更快的定位服务,理想误差范围在 10 m 以内。

(二) 室内无线定位技术

随着无线通信技术的发展,新兴的无线网络技术,例如 Wi-Fi、Zig-Bee、蓝牙和超宽带等,在办公室、家庭、工厂等场所得到了广泛应用。

1.红外线室内定位技术

红外线室内定位技术定位的原理是:红外线 IR 标识发射调制的红外射线,通过安装在室内的光学传感器接收进行定位。虽然红外线具有相对较高的室内定位精度,但是由于光线不能穿过障碍物,使得红外射线仅能视距传播。直线视距和传输距离较短这两大主要缺点使其室内定位的效果很差。当标识放在口袋里或者有墙壁及其他遮挡时就不能正常工作,需要在每个房间、走廊安装接收天线,造价较高。因此,红外线只适合短距离传播,而且容易被荧光灯或者房间内的灯光干扰,在精确定位上有局限性。

2.超声波定位技术

超声波测距主要采用反射式测距法,通过三角定位等算法确定物体的位置,即发射超声波并接收由被测物产生的回波,根据回波与发射波的时间差计算出待测距离,有的则采用单向测距法。超声波定位系统可由若干个应答器和一个主测距器组成,主测距器放置在被测物体上,在微机指令信号的作用下向位置固定的应答器发射同频率的无线电信号,应答器在收到无线电信号后同时向主测距器发射超声波信号,得到主测距器与各个应答器之间的距离。当同时有 3 个或 3 个以上不在同一直线上的应答器做出回应时,可以根据相关计算确定出被测物体所在的二维坐标系下的位置。

超声波整体定位精度较高,结构简单,但超声波受多径效应和非视距传播影响很大,同时需要大量的底层硬件设施投资,成本太高。

3.蓝牙定位技术

蓝牙定位技术通过测量信号强度进行定位。这是一种短距离、低功耗的无线传输技术,在室内安装适当的蓝牙局域网接入点,把网络配置成基于多用户的基础网络连接模式,并保证蓝牙局域网接入点始终是这个微微网(Piconet)的主设备,就可以获得用户的位置信息。蓝牙技术主要应用于小范围定位,例如单层大厅或仓库。

蓝牙室内定位技术最大的优点是设备体积小,易于集成在 PDA、PC 以及手机中,因此很容易推广普及。理论上,对于持有集成了蓝牙功能移动终端设备的用户,只要设备的蓝牙功能开启,蓝牙室内定位系统就能够对其进行位置判断。采用该技术作室内短距离定位时容易发现设备且信号传输不受视距的影响。其不足在于蓝牙器件和设备的价格比较昂贵,而且对于复杂的空间环境,蓝牙系统的稳定性稍差,受噪声信号干扰大。

4.射频识别定位技术

射频识别定位技术是利用射频方式进行非接触式双向通信交换数据以达到识别和定位的目的。这种技术作用距离短,一般最长为几十米。但它可以在几毫秒内得到厘米级定位精度的信息,且传输范围很大,成本较低。同时,由于它具有非接触和非视距等优点,有望成为优选的室内定位技术。目前,射频识别研究的热点和难点在于理论传播模型的建立、用户的安全隐私和国际标准化等问题。优点是标识的体积比较小,造价比较低,但是作用距离近,不具有通信能力,而且不便于整合到其他系统之中。

5.超宽带定位技术

超宽带定位技术是一种全新的、与传统通信技术有极大差异的通信新技术。它不需要使用传统通信体制中的载波,而是通过发送和接收具有纳秒或纳秒级以下的极窄脉冲来传输数据,从而具有 GHz 量级的带宽。超宽带可用于室内精确定位,例如战场士兵的位置发现、机器人运动跟踪等。

超宽带系统与传统的窄带系统相比,具有穿透力强、功耗低、抗多径效果好、安全性高、系统复杂度低、能提供精确定位精度等优点。因此,超宽带技术可以应用于室内静止或者移动物体以及人的定位跟踪与导航,且能提供十分精确的定位精度。

6.Wi-Fi 定位技术

无线局域网络(WLAN)是一种全新的信息获取平台,可以在广泛的应用领域内实现复杂的大范围定位、监测和追踪任务,而网络节点自身定位是大多数应用的基础和前提。当前比较流行的 Wi-Fi 定位是无线局域网络系列标准之 IEEE802.11 的一种定位解决方案。该系统采用经验测试和信号传播模型相结合的方式,易于安装,需要很少基站,能采用相同的底层无线网络结构,系统总精度高。

芬兰的 Ekahau 公司开发了能够利用 Wi-Fi 进行室内定位的软件。Wi-Fi 绘图的精确度在 1~20 m 的范围内,总体而言,它比蜂窝网络三角测量定位方法更精确。但是,如果定位的测算仅仅依赖于哪个 Wi-

Fi 的接入点最近，而不是依赖于合成的信号强度图，那么在楼层定位上很容易出错。目前，它应用于小范围的室内定位，成本较低。但无论是用于室内还是室外定位，Wi-Fi 收发器都只能覆盖半径 90 m 以内的区域，而且很容易受到其他信号的干扰，从而影响其精度，定位器的能耗也较高。

7.ZigBee 定位技术

ZigBee 是一种新兴的短距离、低速率无线网络技术，它介于射频识别和蓝牙之间，也可以用于室内定位。它有自己的无线电标准，在数千个微小的传感器之间相互协调通信以实现定位。这些传感器只需要很少的能量，以接力的方式通过无线电波将数据从一个传感器传到另一个传感器，所以它们的通信效率非常高。ZigBee 最显著的技术特点是它的低功耗和低成本。

除了以上提及的定位技术，还有基于计算机视觉、光跟踪定位，基于图像分析、磁场以及信标定位等。此外，还有基于图像分析的定位技术、三角定位等。目前，很多技术还处于研究试验阶段，如基于磁场压力感应进行定位的技术。

不管是 GPS 定位技术还是利用无线传感器网络或其他定位手段进行定位都有其局限性。未来室内定位技术的趋势是卫星导航技术与无线定位技术相结合，将 GPS 定位技术与无线定位技术有机结合，发挥各自的特长，则既可以提供较好的精度和响应速度，又可以覆盖较广的范围，实现无缝的、精确的定位。

二、室外定位技术

室外定位多指确定一个移动台（如一部手机、一种载有可跟踪的电子标签的人或物等）所在的位置。卫星定位技术的出现使得无线定位技术产生了质的飞跃，定位精度得到大幅度提高，精度可达 10 m 以内。当今，卫星定位技术与无线网络融合形成了基于位置的服务，使得移动定位服务产业作为最具潜力的移动增值业务而迅速发展。

无线定位的关键技术主要包括基于终端的定位技术以及基于网络的定位技术。

（一）GPS 定位技术——基于终端的定位技术

基于终端的定位技术主要是指用户设备端计算出自己所处位置的定位技术。这种技术主要有卫星定位技术和增强型观察时间差等几种方法。

卫星定位系统主要有美国的 GPS、欧洲的 Galileo、俄罗斯的 GLO-NASS、中国的北斗，其中应用最广、使用最普遍的是美国的 GPS 卫星定位系统。

GPS 定位系统由三部分组成：空间部分、控制部分、用户设备部分。空间部分主要由 21 颗可用卫星和 3 颗备用卫星构成，这 24 颗卫星均匀分布在 6 个轨道平面内，每个轨道有 4 颗卫星，空间部分主要功能是广播定位信号。控制部分主要由监测站、主控站、备用主控站、信息注入站构成，主要负责 GPS 卫星阵的管理控制，包括有效载荷监控、定位数据注入、定位精度保障、卫星维护和问题监测等。用户设备部分主要是 GPS 接收机，主要功能是接收 GPS 卫星发射的信号，获得定位信息及观测量，经数据处理实现定位。

（二）基于网络的定位技术

基于网络的定位技术是指网络根据测量数据计算出移动终端所处的位置。主要包括基于三角或双曲线关系的定位技术、基于场景（信号指纹）分析的定位技术 、基于临近关系的定位技术。

基于三角或双曲线关系的定位技术可以细分为两种：基于距离测量的定位技术和基于角度测量的定位技术。基于场景（信号指纹）分析的定位技术是对定位的特定环境进行抽象和形式化，用一些具体的、量化的参数描述定位环境中的各个位置，并用一个数据库把这些信息集成在一起。业界习惯上将上述形式化和量化后的位置特征信息形象地称为信号"指纹"。观察者根据待定位物体所在位置的"指纹"特征查询数据库，并根据特定的匹配规则确定物体的位置。基于临近关系进行定位的技术原理是：根据待定位物体与一个或多个已知位置参考点的临近关系来定位。这种定位技术通常需要标识系统的辅助，以唯一的标识来确定已知的各个位置，这种定位技术最常见的例子是移动蜂窝通信网络中的 Cell ID。

三、定位技术在物联网中的应用

工信部在《物联网"十二五"发展规划》中提出要在智能工业、农业、物流、交通、电网、环保、安防、医疗、家居九大重点领域开展应用示范工程,探索应用模式。定位技术作为物联网的一项重要感知技术,借助于其获取物体的即时位置信息,可以衍生一系列基于位置信息的物联网应用。特别是在交通、物流领域,物体的位置实时变化,采集的其他信息通常必须与位置信息关联才有价值,因此定位技术在智能交通、物流领域得到广泛的应用和发展。而在医疗领域中,要实现对众多的流动医疗资源和病患的实时跟踪和管理,同样也需要依赖于定位技术。

(一) 智能交通

智能交通在现有交通基础设施和服务设施基础上借助于物联网的信息采集、传输和处理能力,实现汽车与汽车之间、汽车与交通设施之间的通信,为交通参与者提供多样性的智能服务。可以说,物联网是智能交通正常运行的基础设施,智能交通是物联网产业化发展的一个重要应用领域。在智能交通方面,很多服务都依赖于对车辆实时位置信息的采集。目前主要采用 GPS、A-GPS 技术进行车辆的实时定位、跟踪,从而为驾驶人员提供出行路线的规划、导航及行车安全管理等。车载导航系统经过了第一代自助式导航和第二代多媒体导航,已经步入以无线通信和互联网技术为特征的第三代导航。第三代导航系统可以利用实时路况信息,为用户进行出行规划,实现"疏堵式"导航,避免拥堵路段,同时实现远程防盗、故障诊断、求助救援等功能。

目前,国外的 TMC(Traffic Message Channel)实时路况导航系统,如日本的 VICS(Vehicle Information and Communication System)系统、欧洲的 Euro-Scout 系统、美国的 RDS-TMC 系统等都已经广泛普及,能够根据道路实况规划最优行车路线,显著改善了交通拥堵状况,保证了交通安全。

(二) 智能物流

智能物流是将物联网技术应用于传统物流行业,通过各种传感技术获取货物存储、运输环节的各种属性信息,再通过通信手段传递到数据处理中心,对数据进行集中统计、分析和处理,为物流的管理和经营提供决策支持,提高物流效率,压缩物流成本,实现物流的自动化、信息化、网络化。在智能物流整个过程采集的数据中,都包含着货物的位置信息,定位技术在智能物流的各项应用中都有着至关重要的作用。

在现阶段,定位技术主要用于货物的仓储管理、物流车辆监管以及配送过程的货物跟踪。物流公司在货物的包装或者集装箱上安装传感装置,存储货物信息,货物在每一次出入仓装卸或者经过运输线检查点时都会进行信息采集,以便实时监控货物的位置,防止物品遗失、误送等情况的发生。整个过程不只物流公司,相关客户也可以通过网络随时了解货物所处的位置。货物配送过程中采用定位技术追踪货物状态,能够有效缩短作业时间,提高运营效率,最终降低物流成本。目前,在物流过程中,货物定位的信息载体主要有 RFID 和条形码两种形式,由于 RFID 标签成本较高,导致市场占有率还比较低;而条形码识读成功率低,识读距离较近,并且必须逐一扫描,在某种程度上影响了物流速度。相信随着技术的成熟和制作工艺的发展,RFID 的技术优势会在推动物流向更智能的方向发展得到充分体现。

(三)智能医疗

智能医疗是通过传感器等信息识别技术获取位置信息、患者体征信息等,通过无线网络的传输,实现患者与医务人员、医疗机构、医疗设备之间的互动,提高医疗机构的信息化程度,使有限的医疗资源能够为更多的人所共享。

紧急医疗救援是移动定位技术最早衍生出的应用服务。随着技术的发展,目前在智能医疗方面,定位技术主要用于救护车的定位跟踪调度、医院内人员和器械的定位。在医院内部署基于短距离无线定位技术的室内实时定位系统(Real Time Location System,RTLS),对医护人员、医疗设备实时定位,在使用的时候能够迅速定位和调用,提高工作效率,同时,对病患进行跟踪看护并提供紧急呼救定位,以便在医院室内实现迅速定位,防止传染病扩散和意外事故的发生。目前,美国 Ekahau 公司基于 Wi-Fi 的 RTLS 已经应用于包括北京地坛医院在内的全球 150 多家医院。

第六章　种植业物联网系统应用

第一节　大田农业物联网系统应用

一、大田农业概述

大田农业和精细农业是一个相对的概念,大田农业是指大面积种植农作物的大规模农业生产。如小麦、水稻、玉米、大豆等粮食作物,油料作物在我国均有大面积种植,是典型的大田农作物。

大田农业有两个最大的特点,即种植区域面积广而且地势平坦;大田农业主要体现了农业生产的规模化和集约化思想,是我国推行农业现代化发展的必然选择。

二、大田农业物联网

大田农业物联网是农业物联网的分支之一。大田农业物联网系统主要针对大田农业种植范围广、监测点多、布线复杂和供电难等特点,利用物联网技术,采用高精度土壤温、湿度传感器和智能气象站,远程在线采集土壤墒情、气象信息,实现墒情自动预报、智能决策灌溉用水量,进而达到精耕细作、准确施肥和合理灌溉的目的。大田农业物联网具有远程和自动控制灌溉设备等功能。

大田农业物联网相对精细农业物联网,其系统更加先进。大田农业物联网系统可以根据不同地区的农业生产条件,如土壤类型、灌溉水源、灌溉方式以及种植作物等统筹划分各类型区,再在各类型区域内选取具有典型性的地块,建设含有土壤含水量、地下水位和降雨量等水文信息的具有自动采集和传输功能的监测点。通过灌溉预报和信息监测时报两个系统,获取农作物最佳灌溉时间、灌溉用水量等,定期向群众发布,指导农民科学灌溉。

三、大田农业物联网的系统组成

大田农业物联网系统主要由四个平台构成,分别是智能感知平台、无线传输平台、运维管理平台和应用平台。这四个平台系统功能相互独立和系统网络相互衔接,组成大田农业物联网系统这一更大的平台。

(一) 智能感知平台

智能感知平台是整个大田农业物联网系统平台中的基层平台,它直接对农作物生长需要的土壤、温度、湿度等农作物必需的外在条件开展监测服务,是整个大田农业物联网系统的基础和第一链条。这个平台由两部分组成:土壤信息传感器及智能气象服务站。土壤信息传感器包括土壤水分传感器、土壤温度传感器等,主要对土壤的含水量、土温、EC 值等理化指标变化情况进行监测;智能气象服务站主要对大田所处环境中的温度、湿度、降水量、风速、风向以及辐射情况等大田环境因子进行自动检测、记录,为大田农业生产措施的制订提供参考,具有作用综合和服务范围广的特点。

(二) 无线传输平台

无线传输平台也称为传输网络平台,主要负责信息的传输。无线传输平台与智能感知平台紧密联系,是整个农业物联网系统平台的第二链条。由于物联网的传输介质是不一样的,故无线传输主要有两大类传输方式:GPRS、CDMA、3G 无线网络,这类移动通信载体,无须布线,易于安置,适合应用于不便于布线布网的野外大田农作物种植场合;WLAN 无线网络,属于区域内的无线网络,不仅具有以太网带宽的优点,而且具备 GPRS、CDMA、TD 等网路的部分无线功能,将会是大田农业物联网系统中无线传输平台的发展方向之一。

(三) 运维管理平台

运维管理平台属于管理平台,与无线传输平台紧密联系,是一种智能管理系统,属于整个系统平台的第三链条。运维管理平台主要由灌溉远程控制、灌溉自动控制、墒情预测以及农田水利管理等子系统构成,通过无线传输平台传递的农作物及其环境信息,可以在运维管理平台开展平台管理和调度指挥。例如,可以通过旱情预报反映的信息,在运维管理平台决定实施远程灌溉、控制灌溉时间长短、用水量大小等。另外,农田水利管理涉及众多方面的内容,只有智能化的运维管理平台才能为其提供科学、精确、高效的管理。

(四)应用平台

应用平台与运维管理平台紧密相连,属于整个系统平台的第四链条,是一个终端平台。应用平台主要包括两部分:网络技术应用平台和网络应用主体平台。网络技术应用平台,可通过手机短信平台、彩信平台、WAP 平台和互联网进行访问,通过信息终端可以远程了解和处理监测信息、预警信息等;农业、水利和气象等部门,通过网络应用主体平台,可对大田农业生产实施专业指导,提升农情、农业气象、农田水利等综合管理水平,从而实现农业生产的专业化、精细化、科学化。

(五)大田农业物联网服务平台体系结构

大田农业物联网服务平台体系结构包括感知层、传输层、基础层、应用平台和应用系统五个层次,其具体的组成形式如图6-1所示。

四、农业物联网在大田生产中的应用

(一)土壤墒情监测与智能灌溉

1.概述

为及时、全面掌握大田土壤墒情动态,避免或减少旱灾造成的损失,逐步建立起广泛覆盖的土壤墒情监测系统已成为现代农业企业及相关管理部门的重要任务之一。

土壤墒情监测系统能够实现对土壤墒情(土壤湿度)的长时间连续监测。用户可以根据监测需要,灵活布置土壤水分传感器;也可将传感器布置在不同的深度,测量剖面土壤水分情况。系统还提供了额外的扩展能力,可根据监测需求增加对应传感器,监测土壤温度、土壤电导率、土壤 pH、地下水位、地下水质以及空气温度、空气湿度、光照强度、风速风向、雨量等信息,从而满足系统功能升级的需要。

土壤墒情监测系统能够全面、科学、真实地反映被监测区的土壤变化,可及时、准确地提供各监测点的土壤墒情状况,为减灾抗旱提供重

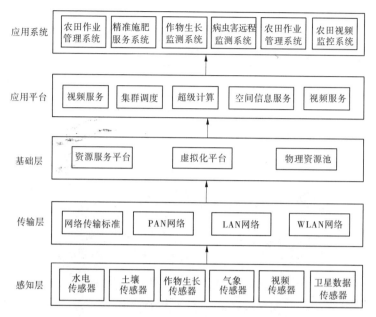

图6-1　大田农业物联网服务平台技术体系结构

要的基础信息。

2.土壤墒情监测系统的组成及工作原理

土壤墒情监测系统主要由监控信息中心、通信网络、远程监测设备三部分构成。

监控信息中心硬件主要由服务器、计算机、交换机、打印机等组成；软件主要由操作系统软件、数据库软件、土壤墒情监测系统软件组成。

通信网络主要包括GPRS网络、Internet网等通信网络。

远程监测设备分为监测终端和土壤墒情监测设备。根据供电类型监测终端分为市电供电土壤墒情监测终端、太阳能供电土壤墒情监测终端和电池供电土壤墒情监测终端。针对土壤墒情监测点分散分布、不易布线的特点，大多选用太阳能供电土壤墒情监测终端。

土壤墒情监测设备，根据监测需求，可采用一路土壤水分传感器实现单点墒情监测；也可采用多路土壤水分传感器，并将传感器布置在不同的深度,实现监测点的剖面土壤墒情监测。

利用墒情监测设备及其他传感器实时观测土壤水分、温度、地下水位、地下水质、作物长势和农田气象信息,通过通信网络汇聚到监控信息中心,信息中心对各种信息进行分析处理,提供预测预警信息服务。

通常墒情监测系统与灌溉控制系统相连,利用智能控制技术,结合墒情监测信息,对灌溉机井、渠系闸门等设备进行远程控制和用水量计量,以提高灌溉自动化水平;大田种植墒情和用水管理信息服务系统,为大田农作物生长提供合适的水环境管理信息,在保障粮食产量的前提下节约水资源。全国土壤墒情监测系统登录界面如图 6-2 所示。

图 6-2　全国土壤墒情监测系统登录界面

(二)农田环境监测及控制

农田环境主要是指与作物生长相关的土壤温度、含水量及地表环境的温湿度、光照度等环境因子构成的要素总和。农田环境监测系统即为及时掌握影响作物生长的各类环境因子的状况而建立的基于物联网的具有收集、分析、处理功能的环境信息监测系统。

通过长期大面积地监测农田微气候变化,实时监测与作物生长相关的各类环境因子,包括温度、湿度、光照度、二氧化碳浓度、土壤温度、土壤水分以及土壤电导率等,实现农作物生长环境的远程、实时、自动监测,提高大田农业生产的生产效率。在实际的基于物联网的大田农业生产中,通常采取农田气象监测系统进行农田环境监测。

农田气象监测系统主要由三部分组成:①气象信息采集系统,是指采集气象变化信息的各类传感器,主要有雨量传感器、空气温度传感器、空气湿度传感器、风速风向传感器、土壤水分传感器、土壤温度传感器和光照传感器等。②数据传输系统,无线传输模块的功能主要是将采集到的数据通过 GPRS 无线网络经与之相连的用户设备传输到 Internet 中的一台主机上,可以达到远程传输的目的以及实现数据的透明传输。③执行设备管理和控制系统,执行设备是指用来调节大田小气候变化的各种设施,以二氧化碳生成器、灌溉设备等为主要执行设备;控制设备是指掌控数据采集设备和执行设备工作的数据采集控制模块,主要作用为通过智能气象站系统的设置,掌控数据采集设备的运行状态;根据智能气象站系统所发出的指令,随时控制执行设备的开启和关闭。

农田气象监测系统监测界面如图 6-3 所示。

图 6-3　农田气象监测系统监测界面

(三) 测土配方施肥

1.测土配方施肥的原理

测土配方施肥是以土壤测试和肥料田间试验为基础,根据作物需肥规律、土壤供肥性能和肥料效应,在合理施用有机肥料的基础上,提出氮、磷、钾及中、微量元素等肥料的施用数量、施肥时期和施用方法。通俗地讲,就是在农业科技人员指导下科学施用配方肥。测土配方施肥技术的核心是调节和解决作物需肥与土壤供肥之间的矛盾。同时,有针对性地补充作物所需的营养元素,实现各种养分平衡供应,满足作物的需要;达到提高肥料利用率和减少用量,提高作物产量,改善农产品品质,节省劳力,节支增收的目的。测土配方施肥包含"测土、配方、配肥、供应、施肥指导"五个核心环节,围绕这五个核心环节完成测土配方施肥工作。

2.测土配方施肥管理系统简介

测土配方施肥管理系统是物联网系统在大田农业生产中的应用形式之一。

测土配方施肥管理系统是根据测土配方施肥的各个关键点设置,生成合理的施肥方案,是一种具有很强服务能力的软件服务系统。该系统包括测土数据管理系统和测土数据应用系统两大部分。测土数据管理系统完成对测土数据的存储、施肥配方的管理和施肥配方的评价三方面的工作;测土数据应用系统的作用是完成对测土数据的查询、施肥配方的生成和测土配方施肥的指导。系统面向的主要应用者是普通农民,而系统的维护和数据管理人员则是农业技术专家,系统操作简便,只需一台普通的计算机即可对该系统进行使用。

3.测土配方施肥管理系统的功能和特点

测土配方施肥管理系统完整地实现了对测土工作流程的管理和应用,分为测土数据管理系统和测土数据应用系统两个大的子系统。测土数据管理系统主要针对土肥站的农技推广专家,是关于测土数据和基本信息的维护管理系统。主要包含农技专家管理、测土数据管理、施肥配方管理、肥料管理、测土配方分析、测土配方知识管理、农资供应站管理和调查问卷管理等功能。测土数据应用系统主要针对服务基层的农业生产人员,是测土数据的应用和施肥配方的应用,以及对施肥配方进行评价、学习测土配方基本理论知识的平台。主要包含测土数据查询、作物种植施肥配方、农资供应查询、测土配方施肥技术查询、视频面对面和测土配肥意见反馈等功能。

测土配方施肥管理系统有如下特点:①可实现测土配方施肥业务全过程的管理;②支持多种应用方式,最大化服务范围;③多样的展现形式,易于农民接受;④科学的施肥配方算法,形成科学的施肥配方;⑤测土配方施肥的宣传和培训平台;⑥视频面对面的集成,利于专家和农民的交流;⑦调查和反馈系统使得系统形成统一的闭环平台;⑧可组合的模块方式,适合各种应用;⑨支持数据采集的多种模式,简化测土信息录入;⑩接受定制开发,满足个性化需求。

(四)大田农作物病虫害诊断与预警

病虫害对农作物的产量和品质有着极大的影响,严重的病虫害会导致农作物大量减产、品质降低。因此,建设大田农作物病虫害诊断与预警系统对确保农作物产量有着举足轻重的意义。而科学地监测、预测并进行事先的预防和控制,有利于农业生产增产增收。

大田农作物病虫害诊断与预警是农业物联网病虫害诊断系统的主要功能。可以解决我国病虫害发生严重、农业生产分散、病虫害专家缺乏、农民科技素养有待提高、科技服务和推广水平差等现实问题。农业物联网病虫害诊断系统的体系结构分为五层,由基础硬件层、基础信息层、应用支撑平台、应用层、访问界面层组成,如图6-4所示。包含网络诊断、远程会诊、呼叫中心和移动式诊断决策等多种诊防模式。种植户可以通过 Web、电话、手机等设备利用物联网病虫害诊断系统对农业病虫害进行诊断,同时专家也可以通过物联网系统远程诊断农作物病虫害,对病虫害的防控提出科学、合理的建议。

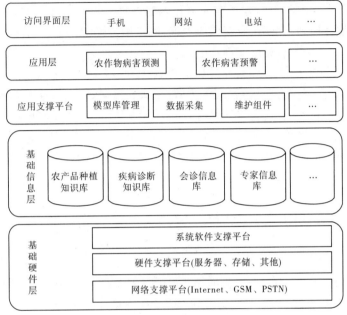

图6-4　大田农作物病虫害远程诊断和预警平台体系

第二节　设施农业物联网系统应用

一、设施农业概述

设施农业,是在环境相对可控条件下,采用工程技术手段,进行动植物高效生产的一种现代农业方式。虽然设施农业涵盖设施种植、设施养殖和设施食用菌等产业,但更多的情况下人们常常特指设施种植业。在国际的称谓上,欧洲、日本等通常使用"设施农业(Protected Agriculture)"这一概念,美国等通常使用"可控环境农业(Controlled Environmental Agriculture)"一词,我国在"九五"期间曾经使用过"工厂化农业(Industrialized Agriculture)"的概念。所有这些名称,约定俗成,只是文字表达上的差异,其实内容基本是一致的。由于设施农业是在环境相对可控条件下进行生产的,因而可以完全或部分地摆脱自然条件的束缚,使生物种性与遗传潜力得以充分发挥,达到提高资源利用率、劳动生产率和社会经济效益的目的。

二、物联网技术在设施农业生产中的应用

(一)设施生产环境的远程、实时监控

基于物联网的设施农业生产环境监控系统利用各类感知技术、信息传输网等物联网技术,实现对设施大棚(温室)内各种环境参数的实时监控。系统功能包括基于物联网技术的数据采集和数据处理,实现对温湿度、光照强度等设施作物生长参数的远程、实时监控,监控数据及信息为设施环境的人工辅助调控和智能调控提供依据。

环境监控体系包含视频系统、温度湿度传感器、二氧化碳浓度传感器、光照传感器、土壤含水量传感器等感知设备,信息传输网络主要包括 ZigBee、Wi-Fi、GPRS、Internet 等信息通道,用户可以通过 Web、手机App、Wap 等界面远程监控设施生产环境实时状况,查看生产环境数据、作物长势、病虫害情况等信息,也可通过病虫害智能识别系统发现病虫害并发出预警,提示生产管理人员采取相应的防控措施。

系统数据、视频监控界面及 APP 界面分别如图 6-5~图 6-7 所示。

(二)温室大棚生产设施管控

利用物联网技术建设的农业设施,其功能就是通过控制温室、大棚的小气候,使作物在最佳的环境中生长,以实现增加产量,提高品质和跨季节的农产品供应。

物联网棚室控制系统的主要功能有:

(1)生长监测和警报功能。对设施实时监测和警报是基于物联网的设施农业智能专家系统的基本功能。使用传感器可以实时采集设施的环境因子,包括空气温度、空气湿度、土壤温度、土壤水分、光照强度等数据及视频图像信息,再通过网络传输到智能专家系统,为数据统计分析提供依据。对超出作物生长环境的数据自动告警。

(2)病虫害预警功能。监测影响大棚内病虫害发生的关键因素,根据设施农业病虫害发生模型,利用智能算法,实现对病虫害预测预

图 6-5　设施生产环境监控系统数据监控界面

图 6-6　设施生产环境监控系统视频监控界面

报,并进行有针对性的预防及治疗。

（3）植物成熟状况预报与监测功能。根据农作物生长积温模型预测作物各个生长期发育程度、可收获程度并结合视频实时监测功能进行采收决策。

（4）设施远程控制功能。通过网络远程控制农业设施,可以对加热器、卷膜机、通风机、喷滴灌等设备进行远程控制,实现农业设施的远程手动或自动控制。

（5）生产活动远程指导功能。根据农作物生长模型库,对温室大

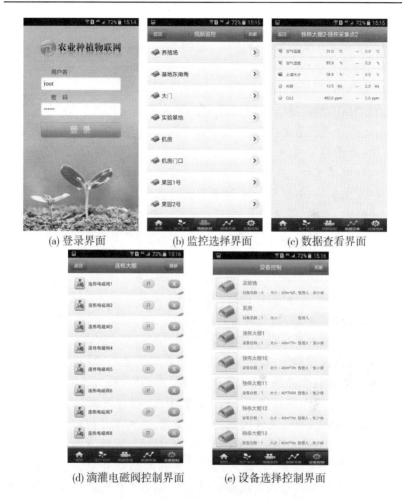

(a) 登录界面   (b) 监控选择界面   (c) 数据查看界面

(d) 滴灌电磁阀控制界面   (e) 设备选择控制界面

图 6-7 设施生产环境监控系统 APP 界面

棚实时环境监测数据对比分析,对于超出作物生长范围的,系统自动告警。

(6)生产活动远程跟踪功能。根据视频及现场活动监测终端的报告,跟踪生产活动完成的情况。

(三)农产品质量安全追溯

物联网系统还可以用于监控农产品生长环境,追溯农产品生产过程,检测农药残留。因此,对于提高农产品品质方面具有重要意义。物联网系统在农产品质量安全追溯方面的功能具体主要体现在以下几个方面。

1.监控农产品生长环境

农产品的种植过程中,不仅受到各种化肥、农药、有害废气、废渣的污染,还存在着严重滥用增产、催熟的生化激素的问题。这不但危害种植环境,更潜存着食源性疾病,严重影响和危害着消费者的身心健康。应用物联网技术可以实时地收集温度、湿度、风力、大气、降雨量,精准地获取土壤水分、电导率、pH、氮素等土壤信息,从而进行科学预测,帮助农民抗灾、减灾,科学种植,提高农业综合效益,实现农业生产的标准化、数字化、网络化。通过生态信息无线传感器和其他智能控制系统,可对农作物生长环境进行监控,从而及时掌握影响环境的关键参数,并根据参数变化,适时调控诸如灌溉系统、保温系统等基础设施,确保农作物有最好的生长环境,以提高产量,保证质量。

2.检测农产品品质,追溯生产过程

此外,利用农产品品质传感器,对农产品品质(如农药残毒、水果品质等)进行快速检测,真正实现农产品质量安全的现场监督。同时,生产者可以将农产品的名称、产地、品种、农药使用记录、生产者信息、生产过程等必要内容存储在 RFID 标签中,快速有效地记录农产品的初始信息和加工信息,方便收购商设定价格,也为产品快速分拣提供可靠的依据。而消费者则可将农产品上的产品追溯码输入到农产品质量安全追溯平台(见图6-8),即可查询到该农产品整个生长过程中的生产信息,使得消费者对生产过程一目了然,对农业生产过程起到有效的监督作用,从而促进无公害农业生产的发展,提高农产品的品质。农产品质量安全追溯系统架构见图6-9。

3.搭建农产品质量安全信息共享平台

搭建基于供应链一体化的农产品质量安全信息共享平台,实现农产品供应链运作全过程的溯源监管,以及多部门的信息流、货物流、工作流的同步和信息共享,提高农产品安全管理工作的针对性和有效性。

运用物联网技术,采用工业化生产与实现集约高效可持续发展的

图 6-8 农产品质量安全追溯平台

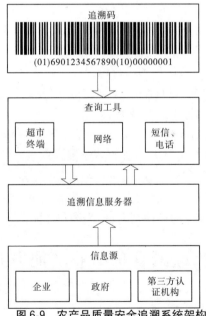

图 6-9 农产品质量安全追溯系统架构

现代超前农业生产方式,即农业先进设施与露地相配套,通过传感技术、定位技术和移动互联网等技术的整合,实时采集作物生长的环境参数,同时对农业综合生态信息进行自动检测和远程控制,全面提升农产品质量安全监管水平。

(四)在农产品储存保鲜与营销中的应用

在农产品的保鲜过程中,温度、湿度等是重要的影响因素,一旦环境调控不好,或者设备出现异常,就有可能造成农产品品质下降,甚至枯萎、腐烂,损失巨大。物联网技术同样可以实现农产品保鲜库环境的动态监测,上网即可查看库中环境情况,并实现异常数据报警,一部手机即可以实现保鲜库的随时随地管理。

同时,由于无线温湿度采集节点成本低,没有信号线及电源线,方便部署等,可以在多个保鲜库房进行多点安装,为管理更加精细化提供手段。

库房外的 LED 显示屏可以动态地显示库房环境温湿度情况,正常时以绿色字体显示,出现异常时以红色字体显示,方便现场人员管理。

在农产品营销方面,可利用生产温室安装的视频传感器,在农作物生长的过程中,定时抓拍图像,传上互联网,由于互联网传播的广泛性,采购商上网就能了解农产品的生长情况及采收时间。采购商也可以对各家农产品品质在网上进行比较,网上询价,网上交易。

由于生产的透明性,消费者更放心,而对于生产者而言,将农产品生长情况上传到网络上是一种有力的宣传,有利于打造农产品品牌。

农业物联网技术还促进了新的商业模式的发展——订单化生产。农户根据特定客户的需求生产某一种类的品种,客户可以随时随地地通过互联网了解自己所订制的农产品的生长情况,监控生产的整个流程,实现生产商与客户的良性互动,提高客户体验。

第三节　物联网在种植业其他方面的应用

一、农业资源管理

物联网不仅在田间、温室、农场等小范围内可以实现物与物、人与物的"对话",而且通过近地遥感、高空探测、卫星遥感、地理信息系统等传感手段,还能宏观地获取各种农业资源的信息。利用遥感技术进行大面积、大规模、实时、动态的土地利用状况监测,监测到的信息能清晰地显示各种土地利用类型的特征与分布;通过农作物遥感识别,能准确识别土地覆盖类型,不仅如此,借助于高光谱信息,还可以及时估算、预测农作物的生物量、叶面积指数、叶绿素等生理参数,甚至病虫害情况;通过卫星遥感及地面的各种传感器,能够直接观测或测量某一区域水资源的总量、地下水位深度等数据。

无论是对土地资源的监测还是水资源以及生物资源的监测,获取的农业资源信息最终都将被进行融合处理,从而实现对作物种植种类、种植面积、土地变化及利用情况、水资源情况及气象气候等方面的宏观监控,为相关部门提供决策参考,指导农业发展和资源的可持续利用。

二、种子物联网

种子物联网是利用传感器、射频识别、条形码、全球定位系统等现代物联网技术,将种子选育单位、种子产地、种子企业、种子销售商、种植农户、监管单位、包装种子、种子库等相关元素通过互联网连接起来,在农作物种业形成一个基于农作物种子品种"选育—保护—审定—繁殖—生产—流通—销售"的信息追溯链条和全程的多功能服务网络体系。

三、土壤肥力感知系统

土壤肥力感知系统主要利用激光技术和近红外技术对土壤的要素进行全面感知,实现土壤中全氮、全磷、全钾和多种重金属的实时检测,有效地解决大面积、低成本的土壤肥力信息的快速获取问题,为精准施肥和有效保护土壤环境提供技术支持和保障。

四、农业种植管理计划模型

(一)农业种植管理计划模型简介

我国农业生产及管理相对落后,存在农业信息资源共享性差、农业生产过程中可控性差、农产品质量较低、农产品市场有效需求不足等问题。改变这些问题的根本途径是通过提高农业生产力,而农业生产力提高离不开科学管理。科学管理即对生产过程的科学化管理,标准化作为科学管理的重要组成内容,它是以农产品质量标准为目标组织农业生产。

为提高农业生产效率和管理水平,依托物联网技术,构建农业种植管理计划(ACMP, Agricultural Cultivation Management Plan)模型,实现农业资源的一体化管理,即构建农业生产、加工、销售的一体化综合管理体系。该体系是依托计算机信息技术、物联网技术、农业种植流程管理,遵循农业标准化生产要求而提出的管理计划模型,以实现农业生产的产前、产中、产后的信息、技术、物资、经营等的全程管理,充分实现农业资源的合理分配。

(二)农业种植管理计划模型的意义

(1)通过产中环境监控,达到品种的跨区域种植,增强弱化品种的环境适应性。

(2)精确监控产中环境因子,提高农业生产过程的科技含量,实现科学技术在农业生产过程的全面渗透,农业产业化经营全程信息化,农村综合管理的全面信息化,实现绿色、有机农产品生产、种植的规模化和工厂化。

(3)有效节约人工、技术、管理成本,提高生产效率、管理水平和农产品品质。

(4)可以对农作物生长状况、生长趋势、产量进行预测或模拟分析,为农产品市场宏观调控提供依据。

(5)实现农产品安全溯源。

(6)拓宽农业技术推广渠道和传播渠道,实现农业生产指导,如远程诊断等,弥补农业技术服务的不足。

(三)农业种植管理计划模型的工作流程

农作物生产前期,根据物联网技术实时获取的种植业生产数据为基础,对市场导向和当前作物种植信息进行分析,结合土壤墒情、测土配方施肥等建议信息和专家咨询,合理分配品种及种植区域的面积,准备农业生产资料。

农作物生产中期,依据专家指导形成作物种植规程库,对该作物各个生长期所需环境参数(空气温湿度、土壤、二氧化碳浓度等参数)进行设定。通过物联网技术,依据作物种植规程库提供的种植意见对作物生长全程进行监测、控制、管理,实现科学种植。

农作物生产后期,实现对农作物的储存、运输、加工、销售等过程的信息化管理,依据物联网技术获取的种植业生产数据、种植区域农作物品种及产量信息,为农产品市场的宏观调控提供数据支持。实现农业产前、产中、产后全过程的标准化、规范化管理,实现农产品溯源,保障农产品质量。

农业种植综合管理模型工作模式见图6-10。

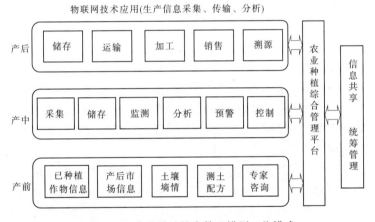

图6-10　农业种植综合管理模型工作模式

第七章　物联网系统在牧、渔业生产中的应用

第一节　物联网技术在现代畜牧业中的应用

我国是一个养殖大国,养殖数量位居世界第一。随着国家经济的发展,人民生活水平的不断提高,畜禽产品的消费量也在快速增长。畜禽养殖的规模不断扩大,吸引了大量农村剩余劳动力,增加了农民的经济收入,相应地,畜禽养殖在农业总产值中所占比重也越来越大。

现代畜禽养殖是一种高投入、高产出、高效益的集约化产业,资本密集型和劳动集约化是其基本特征。与发达国家相比,我国畜禽养殖的集约化主要表现为劳动集约化,目前已随着经济的发展,劳动集约化已经开始向资本集约化方向过渡。但是,这种集约化的产业也耗费了大量的人力和自然资源,并在某种程度上对环境造成了负面影响。通过使用物联网技术可以合理地利用资源,有效降低资源消耗,减少对环境的污染,提高生产效率,节约劳动力成本,形成优质、高效的畜禽养殖模式。物联网技术在畜牧业各环节中的应用主要体现在以下几个方面。

一、动物溯源及管理

(一)畜禽生产追踪溯源

继美国疯牛病后,欧盟、美国、日本、澳大利亚等首先将 RFID 用于肉牛生产、销售的溯源跟踪,以保证肉品安全。2003~2004 年我国上海科芯、烟台威尔、杭州力汇等企业、单位开始了动物识别器等射频技术的研发。较早形成产品的常州高特电子技术有限公司研发的 RFID 耳标,应用于肉牛养殖业,能快速有效查询牛品种、来源、免疫、治疗、用

药、健康状况以及饲养、生长情况等,可以开展畜产品的来源追踪。2004 年农业部在北京市、上海市、四川省、重庆市开展动物标识溯源试点,2006 年 4 月提出建立我国畜产品溯源系统,2006 年 6 月农业部发布的第 67 号令《畜禽标识及免疫档案管理办法》开始在全国应用。数据传入农业部数据中心,对动物运输、屠宰检疫的追踪追溯,发挥了重要作用。

(二) 动物监测、跟踪管理

通过植入 RFID 对马和试验动物跟踪在国外早有报道。我国通过温度传感器、生物观察仪、病菌监测器等物联网技术,成功进行野生动物管理和监测,如大熊猫定位跟踪系统的开发和应用。目前,物联网广泛应用于宠物管理,如北京市、上海市、大连市等对当地的犬、鸽、猫等宠物佩戴二维码标牌+后台管理+GPS,不仅可定位追踪,还可连接智能手机,方便主人查找,同时便于宠物管理,如北京的犬冠以 010 开头,八位数编号,信息涵盖宠物主的联系方式、防疫等信息。目前,二维条形码、RFID 耳标、瘤胃芯片、肢环、颈环等电子标识及读写设备研发生产企业众多,甚至产品出口到国外,动物管理信息化正纵深发展。

(三) 养殖场群体管理

应用 RFID 技术对规模养殖场进行个体识别和记录,自动统计动物数量,不仅可以进行场内外追踪管理,还可进行生长发育的自动测定、记录、分析,数据传入管理中心,结合育种软件进行选种、选配,突破动物传统选育技术。在牧场管理中,有关发情、配种、分娩、防疫、驱虫、消毒、出售等个体档案管理及汇总,可借助于物联网技术大幅度减少工作量,数字化牧场管理将成为未来发展的趋势。

二、畜禽产品安全管理

(一) 屠宰销售管理

早在 2003 年我国上海环极信息公司等开发的 RFID 生产监控管理系统已被运用到屠宰加工企业,能够自动、实时、准确地采集与卫生检验、检疫等关键环节的有关数据,较好地满足质量监管要求。近年来,使用超高频 RFID 技术,加强贴标、挂钩、监控、分级、入库、出库环节数据的采集传输,有效地解决了进场检疫、待宰观察、屠宰检疫、肉制品分割及副产品整个追溯链管理。如上海五丰畜禽食品有限公司早在2006年就已经开始使用电子条形码技术,可对分割肉及副产品追踪溯源,实现对动物全程的跟踪监控,保障肉品质量卫生。四川凯路威电子公司为成都巨丰食品有限公司、江西正邦集团开发的生猪屠宰信息化管理监控与溯源管理系统,上海实甲智能系统有限公司为双汇集团开发的生猪屠宰 RFID 系统管理系统,不仅可以屠宰溯源管理,还可进行企业财务管理。

(二)放心奶工程管理

在大型奶牛场,如果一头牛出现身体异常,不仅可能造成传染,同时异常奶混入储奶罐,影响整体质量。通过捆绑在奶牛腿部或埋植在体内的电子标签和传感器,可有效监控每一头奶牛的体温、体质等健康信息,并传入数据中心资料库或掌上电脑等终端,便于工作人员查看,并对有异常奶牛提前采取措施,提高牛奶质量。如蒙牛挤奶大厅,RFID 自动扫描记录,挤奶器对乳房自动冲洗、消毒、挤奶,还可通过安装在挤奶台的阿菲牧魔盒及管理软件记录该牛的牛奶流量、质量、电导性、细胞含量、乳脂肪、乳蛋白、尿素、乳品含血量等质量因素,这些信息上传至饲养管理数据库用于指导生产管理及奶品质控制,合格的奶产品相关信息将转为条形码张贴在奶罐销售到市场。

三、饲养管理

(一)环境控制

在畜舍安装智能传感器,在线采集二氧化碳、氨气、硫化氢、空气温度、湿度、光照强度、风速及视频等,通过有线或无线传送到饲养员手机、PDA、计算机等信息终端,实时掌握养殖场环境信息,并可以根据监测结果,远程控制相应设备自动开窗换气、喷淋降温、调整光照等,实现管理自动化、健康养殖、节能降耗的目标。如江苏宜兴、湖南嘉禾等地智能化猪场,湖北黄陂100万个智能化蛋鸡场,均已实现养殖场内环境自动检测、传输、接收、自动调控的功能。

(二)精细饲养

规模养殖场圈舍建设和饲养机械设备等可为精细饲养提供条件。起源于以色列、美国、加拿大等开发的 TMR 喂食系统,实质是依托物联网计算机技术,自动化定量喂养,现在已经在我国应用。当牛通过挤奶道时自动记录耳号、体重、生理状况数据,传送到计算机系统,分析计算该牛最佳采食量,指挥喂食机自动配给饲料和统计生理信息、采食信息。如宁夏银川奥特信息公司饲喂监控系统针对不同牛群设定配方,可查询每次饲喂的时间、装料点装载量、卸载牛圈以及卸载量等详细信息,目前该系统已在陕甘宁等 70 余个牛场使用。

(三)智能管理

1.智能喂养

除可自动调整温度、光照、通风等功能外,智能养殖场还能实现智能喂养,供水配食可按时间编成流程,智能主机按时间节点或探测器反馈信息,定时定量地配给食物。

2.智能粪便收集

当粪便跌落到架空的平台达到一定数量时,智能主机能通知清扫设备,把粪便收集起来。

3.智能清洗

清洗装置能够定时启动清洗程序,避免细菌扩散感染。因此,使用新型的智能养殖,不仅可以实现坐在办公室饲养管理,还可节省劳力,节能减排,如北京市大兴区奥天农场年出栏牲畜 2 万多头,每年可节水 5 万 t。

(四)视频监控

通过安装视频监控,可以现场了解当前和一个时期(储存 15～30 d)的声像数据,了解场内的家畜活动、饲养员的工作情况。场内设置门磁、人体感应器、红外双鉴探测器、红外对射、声光报警器、前端探测器等,能对非法人员入场提醒后通过报警主机给场主电话或发信息,对场外人员入境监控,提高牧场安全等级。

四、繁殖管理

(一) 奶牛发情监测系统

UCOWS 是由固定在牛腿上的计步器和挤奶台的感应器组成,每次挤奶时计步器与感应器的数据自动识别交换,并将牛活动量自动传输到电脑数据库,分析是否发情。如宁夏银川奥特 UCOWS 奶牛发情监测系统已在宁夏回族自治区、内蒙古自治区等 12 个省、市、自治区使用,发情监测 Kappa 值为 0.706(育成牛)~0.850(经产牛)。上海光明奶业使用以色列阿菲金发情监测系统,不仅检测发情,还可繁殖管理,判断发情时段及监测卵泡囊肿、卵巢静止等状况。河北农业大学通过传感器和电子器件检测奶牛体温和身体活动等生理参数,除用于奶牛外,还可经改进用于其他动物发情、健康等监测,有很好的应用前景。

(二) 母猪发情监测器

利用"公猪效应"原理结合物联网技术进行发情监测已在生产上应用。当群养母猪发情时,将与电子发情探测站内的公猪接触,系统记录耳牌及与公猪的接触次数和持续时间等,达到发情曲线标准时自动喷墨标记,提醒饲养员进行发情鉴定。如成都泰丰畜牧公司引进的荷兰智能化群养管理系统"velos",可实现自动饲喂、自动分离、发情鉴定等功能;目前已在四川省、重庆市、湖南省、湖北省等 20 余家规模猪场推广使用,成效显著。

(三) 分娩及仔猪管理

安装无线高清摄像头除了解养殖场家畜活动情况外,也可开展母猪分娩和仔猪管理,如神鹰管理系统会在产前发布视频信息,传递监控数据。一种安装在产床的母猪分娩报警装置能够在仔猪被顶出产道时,发送检测信号,呼叫饲养员进行分娩管理。同样,利用热红外传感器监测分娩限位栏的仔猪活动区,一旦检测到仔猪出现在活动区就通过寻呼机通知饲养员。这种利用机器视觉技术和热红外传感器监测技术进行母猪分娩检测和仔猪管理目前已在生产中广泛应用。

五、动物疫病监测

(一)常规监测

通过埋植芯片和其他智能采集装置收集生理状况指标如体温、心跳、反刍、嗳气、粪、尿等数据,乃至血液细胞及酶的变化,传入计算机系统,分析健康状况,进行疫病监测。如陕西卓讯物联公司自主研发的家畜智能植入式电子身份健康检测仪,植入在家畜皮下,实时检测家畜的生理数据,利用初判主机和家畜疫病模型机诊断系统对检测到的生理数据进行初判分析,结合临床诊断,对家畜进行早治疗,防止疫病大规模爆发。

(二)报警监测

采用 RFID 实时定位系统(RTLS)帮助农场主在畜群中定位到单个奶牛,即使在很远的地方放牧,也能够分析奶牛的行为,及时发现疾病前兆。如患酮血病的奶牛进料时间减少,可能会出现反常步态、具有攻击性或发出吼叫等症状;当阅读器收到标签信号时,相关信息传入到中心管理系统进行分析,发现异常信息时即通过系统发出报警号,采用这套系统,一般可提前一周发现疾病。

(三)疫病诊断

物联网硬软件技术推动了生物识别、传感器、数字化医疗设备与动物疫病快速诊断仪等现代疫病诊断技术的发展。对于人类,虹膜识别不仅可类似于 DNA 用于准确识别个人,还可用于疾病诊断,如澳大利亚 Irisearchpor 系统能够通过虹膜自动识别人的 9 种疾病;西班牙 Tecnalia 公司开发的生物传感器,能通过呼气检测肺癌肿瘤标志物。在动物医学方面,应用免疫酶、DNA、微生物、组织等生物感受器可以借助于仪器直接诊断如羊布氏杆菌病、新城疫、禽流感、小反刍兽疫等疫病,也可以测定免疫抗体效价,而且这些数据通过计算机直接传到 PAD 等终端系统,便于管理者开展动物疫病防控。

六、畜牧企业管理

现代畜牧企业不仅生产、加工、销售一体化,而且开展跨行业生产经营;不仅拥有自办的标准化智能牧场,还有公司+农户的养殖基地。应用物联网技术,建立企业数据中心,将养殖、收购、加工、运输、销售等各个环节的信息自动采集、储存交换、汇总分析,实现企业核心业务管理信息化、管理信息资源化和信息服务规范化。如广东温氏集团利用物联网技术对各地若干养殖户及工厂实时监控、智能检测,管理者可查询各项实时或历史的数据、统计报表及视频等,解决分散养殖户的标准化饲养管理,保证了700万头生猪、7亿多家禽的高效生产管理和食品安全,管理资产上百亿元,实现企业管理的现代化。

七、畜禽农业物联网系统的架构

畜禽农业物联网系统和通常的物联网结构相似,由感知层、传输层和应用层三个层次组成。通过集成畜禽养殖信息智能感知技术及设备、无线传输技术及设备、智能处理技术实现畜禽养殖环境实时在线监测和控制。畜禽农业物联网系统总体框架如图7-1所示。

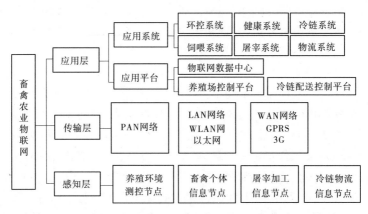

图 7-1　畜禽农业物联网系统总体框架

(一)感知层

感知层作为畜禽农业物联网系统的"眼睛",其主要功能是对畜禽养殖环境进行探测、识别、定位、跟踪和监控。主要技术有传感器技术、RFID(射频识别)技术、二维码技术、视频和图像技术等。采用传感器采集温度、湿度、光照、二氧化碳、氨气和硫化氢等畜禽养殖环境参数，采用 RFID 技术及二维码技术对畜禽个体进行自动识别，利用视频捕捉等，实现多种养殖环境信息的捕捉。

(二) 传输层

传输层完成感知层向应用层的信息传递。传输层的无线传感网络包括无线采集节点、无线路由节点、无线汇聚节点及网络管理系统，采用无线射频技术，实现现场局部范围内信息采集传输。远距离数据传输应用 GPRS 通信技术和 3G 通信技术。

(三) 应用层

应用层分为公共处理平台和具体应用服务系统。公共处理平台包括各类中间件及公共核心处理技术，通过该平台实现信息技术与行业的深度结合，完成物品信息的共享、互通、决策、汇总、统计等，如实现畜禽养殖过程的智能控制、智能决策、诊断推理、预警、预测等核心功能。具体应用服务系统是基于物联网架构的农业生产过程架构模型的最高层，主要包括各类具体的农业生产过程系统，如畜禽养殖系统、产品物流系统等。通过这些系统的具体应用，保证养殖前正确规划，以提高资源利用率；产中精细管理，以提高生产效率；产后高效流通，实现安全溯源等多个方面，促进养殖业向高产、优质、高效、生态、安全的方向发展。

第二节　物联网技术在渔业生产中的应用

我国是水产养殖大国，同时又是一个水产弱国，水产养殖业早期主要沿用消耗大量资源和粗放式经营的传统养殖模式。这一模式导致生态失衡和环境恶化，细菌、病毒等病原微生物大量滋生，水体中有害物质积累，给水产养殖业带来了极大的风险和困难。随着科技的发展，我国的水产养殖已逐步脱离传统的粗放养殖模式并日趋向工厂集约化养殖方向发展，各类传感监测技术、监控技术及水环境调控技术、信息技术等已逐步在渔业生产中得以推广应用。

农业部 2006 年下发了《农业部关于进一步加强农业信息化建设的意见》，强调了信息化建设在渔业现代化中的作用。水产养殖作为大农业的一部分,与农林牧副一样,融合运用物联网技术,是科技协同创新的时代需要。

渔业物联网技术目前已延伸到渔业行业各个环节,即水产养殖环境监测、水产品安全溯源、水产养殖设施管控、海洋渔业资源监测、海洋环境监测、渔港监管、渔船活动信息收集、渔具辅助设备物联网等。

一、水产养殖环境监测

在大规模现代化水产养殖中,水质的好坏对水产品的质量、产量有着至关重要的影响。及时了解和调整水体参数,形成最佳的水生态环境,有利于水生生物的生长。

目前,水产养殖环境监测系统已广泛应用于我国工厂化水产养殖,它不仅能预防养殖品种疾病的发生,保障水产品安全,而且还能保证水产养殖环境的高效生产。

水产养殖环境监测系统主要由信息采集系统、信息传输系统以及信息处理系统构成。由若干各种类型的无线传感器及视频监控器构成的信息采集系统是水产养殖环境监测系统的基础,通过在养殖池适当的区域安放温度、溶解氧、pH 及光照数据等无线传感器网络节点,准确采集水产养殖环境的数据信息,并通过信息传输网络上传至信息处理中心,对数据、信息进行处理、分析,使得生产管理者能及时了解水体环境参数,为智能及人工生产管理抉择提供依据。水产养殖环境监测系统架构如图 7-2 所示。

二、水产品安全溯源

将 RFID 技术与传感器技术结合,对水产品生产环节、供应链中的物流环节等方面进行全程监控与追踪,保证水产品质量的安全、可靠。

水产品溯源信息平台主要由三大部分组成:监控模块、数据采集模块和数据查询模块。其架构如图 7-3 所示。

(1)监控模块包括水质监测模块、养殖实时监测模块和流通监测模块,数据查询模块包括产品溯源信息查询和产品防伪查询。

水质监测模块在水产品的养殖过程中监测水质信息实时传送到数

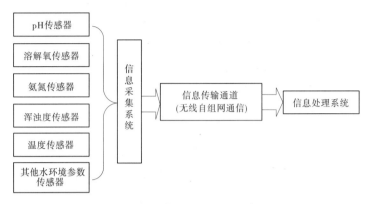

图 7-2　水产养殖环境监测系统架构

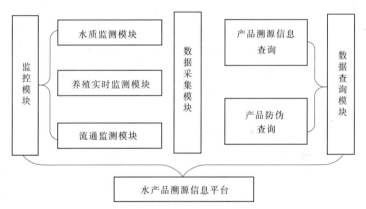

图 7-3　水产品溯源信息平台架构

据中心,便于水质信息共享;养殖实时监测模块将水产品养殖过程中的投料、防病等细节实时记录,不但有利于水产品无公害养殖技术的提高,也有利于水产品品牌质量的确立;流通监控模块即在水产品流通过程中采用 RFID(电子标签)技术,实时记录水产品流通信息。

(2)数据采集模块作用于水产品的全生命周期,实时通过 RFID 技术收集信息储存于数据共享中心,以备利用。

(3)数据查询模块能满足经销人员或消费者对产品来源的知情权;产品防伪查询则可以查询产品的真伪,防止以次充好、以假乱真等情况发生。

以知名水产品品牌"阳澄湖大闸蟹"为例,通过采用 RFID(电子标签)技术,来解决面向流通环节中的实时监控问题,而建设统一的水产品数据共享中心,将监控数据实时采集,并存放到数据共享中心,客户可以直接通过互联网、短信等方式了解到"阳澄湖大闸蟹"的"前世今生"。

三、水产养殖设施管控

水产养殖设施主要指增氧设施、补水设施、加温设施及自动投料设施等。通过物联网水环境检测系统获得水体溶解氧含量数据,当低于设定的水体溶解氧安全阈值时,与系统相连接的增氧泵将自动启动,以增加水体中的溶解氧,达到阈值以上的数值时,增氧泵获得系统指令自行停止运行。同理,对于某些要求保持一定水温的水生动物,水体中的温度传感器也将随时将水温数据信息传送至信息处理中心,低于设定的水温阈值时,信息中心将发出指令控制与系统相连的加温设备开始工作,以保持水温恒定在一定的范围。

四、海洋渔业资源监测

在沿海大陆架水域,寒、暖流交汇水域,利用物联网技术部署环境参数传感器、实时图像采集系统,与海事通信卫星、远洋监测船、遥感航空器、全自动海洋监测站共同组成立体数据传输网络,通过检测海洋水体温度、盐度、溶解氧含量、浮游生物种类等环境数据,处理后得出渔业生物生长状况资料,为渔业决策部门提供实时海洋渔业资源状况信息。

五、海洋环境监测

海洋面积占地球表面积的 71%,海水面积广阔。受监测活动区域范围、海上交通和人力的限制,海洋环境监测检测很难做到全面、及时、详尽。物联网以微波通信和卫星通信为数据传输介质,打破了地域、时间限制,数据通过卫星实时传输,以传感技术和网络技术为基础,建立自动海洋环境监测站,在海洋监测船无法到达或不能长期驻留地区对周围环境进行 24 h 不间断监测并实时传输数据。实时反馈污染性质、污染物种类、污染状况、污染来源等一系列信息,提供环境预警信息,为治理和改善海洋环境污染、应对突发海洋环境污染事件、有效保护渔业资源提供帮助。

六、渔港监管

通过射频识别系统、GPS 全球定位系统、渔港设施监管系统等技术关联,实现复杂渔港信息的实时交换和定位跟踪、监控和智能管理。利用互联网,整合冷冻仓储电子化管理系统和渔船生产信息管理系统,为渔港管理提供各类监管和生产信息。

七、渔船活动信息收集

渔船是渔业生产活动的重要组成部分,渔船信息的收集主要采用渔船身份识别传感、渔船载重传感、GPS 定位、视频采集等技术。通过渔船装备内嵌式智能芯片,传感器识别和记录渔船类型、载重吨位、牌号、所属公司等相关信息,方便渔业管理部门和货主监管、查询。载重传感器识别和记录渔船的渔获量,及时为港口冷冻加工、运输提供相关信息。

八、渔具辅助设备物联网

渔具辅助设备泛指渔业生产活动中为提高捕捞效率而为渔具配置的仪器、仪表等辅助设备,其中主要是鱼情探测设备。在捕捞区域部署水下传感器、水下雷达、水下视频采集设备等监控鱼类活动,实时向渔船发送鱼群规模、鱼群种类、鱼群活动范围数据,为选择捕捞地点、捕捞时机、捕捞方式提供数据帮助。

参 考 文 献

[1] 徐刚,陈立平,张瑞瑞,等.基于精准灌溉的农业物联网研究[J].计算机研究与发展,2010,47(z2):333-337.

[2] 孙颖. 物联网工程导论[M].沈阳:东北大学出版社,2014.

[3] 张翼英,杨巨成,李晓卉,等. 物联网导论[M].北京:中国水利水电出版社,2012.

[4] 欧晓华. 我国物联网发展现状与对策研究[J].中国商贸,2013 (12):187-189.

[5] 詹益旺, 胡斌杰. 物联网相关研究问题的讨论与分析[J]. 移动通信, 2014,38(2): 59-64.

[6] 陈威,郭书普. 中国农业信息化技术发展现状及存在的问题[J]. 农业工程学报,2013,29(22):196-201.

[7] 席志富,程文杰,琚书存,等. 物联网在现代农业中的应用研究[J]. 安徽农业科学,2013,40(20):8729-8730.

[8] 张凌云,薛飞. 物联网技术在农业中的应用[J].广东农业科学,2011(16):146-149.

[9] 宋豫晓,乔晓军,王建,等.RFID 在农业中的应用现状及趋势展望[J].农机化研究,2010(10):1-6.

[10] 杨秀清,陈海燕.光通信技术在物联网中的应用[J].中国光学,2014,7(6):889-896.

[11] 刘媛媛,李建宇.定位技术在物联网领域的应用发展分析[J].信息通信技术,2013(5):41-46.

[12] 李道亮. 农业物联网导论[M]. 北京:科学出版社,2012.

[13] 孙连新,陈栋,张晓晖.大田农业物联网系统研究[J]. 中外食品工业(下半月),2013(9):45-46.

[14] 杨其长,魏灵玲,刘文科,等.中国设施农业研究现状及发展战略[J].中国农业信息,2012(6S):22-27.

[15] 赖望峰,贺超兴,刘洪涛,等.物联网技术在现代设施农业中的应用[A].第十四届中国科协年会第 7 分会场:海峡两岸现代设施农业与园艺产业发展研讨会论文集[C]. 北京:中国科学技术协会学会学术部,2012.

[16] 张洪永.物联网技术在设施农业中的应用[J].农业开发与装备,2014(3):18-19.

[17] 魏霜.物联网技术在农产品质量安全追溯中的应用[J].中外企业家,2013(10):130-131.

[18] 官文.农业物联网在种植业中的应用探析[J].园艺与种苗,2014(2):60-62.

[19] 卢闯,彭秀媛,王博,等.农业种植管理计划(ACMP)模型——基于物联网技术的新型种植业管理与生产方式[J].农业网络信息,2013(7):32-34.

[20] 高月红,陈爱华,吴杨平,等.物联网技术在水产养殖中的实际应用[J].物联网技术,2014(2):72-74.